人工智能与数字素养

陈　彧　倪　彤　主　编
李枘璟　周　波　副主编

清華大学出版社
北京

内容简介

本书采用案例实战的方式全面介绍在DeepSeek、豆包和通义等国产大模型支撑下的AI技术应用。全书共分为智能化技术、动态化技术、交互式技术和可视化技术四个模块，从思维导图、专业图示、动图动画、直播投屏、AR交互、VR全景和AI技术，手把手教你实操；31个案例全部配有二维码数字资源，即扫即学；语言通俗易懂，以图说文，特别适合数字技术"小白"上手学习，当然，有一定数字技术基础的用户也可以从本书中学到大量高级功能和新增功能。

本书为"十四五"职业教育国家规划教材《信息化教学技术》的姐妹篇，可作为职业院校教师数字素养提升培训手册，也可作为职业院校各专业学生学习生成式人工智能(AIGC)和通用人工智能(AGI)的教材。

图书在版编目（CIP）数据

人工智能与数字素养 / 陈彧，倪彤主编. -- 北京：清华大学出版社，2025. 2. -- ISBN 978-7-302-68426-8

Ⅰ. TP18

中国国家版本馆CIP数据核字第20257BN049号

责任编辑：王剑乔
封面设计：刘 键
责任校对：李 梅
责任印制：杨 艳

出版发行：清华大学出版社
网 址：https://www.tup.com.cn，https://www.wqxuetang.com
地 址：北京清华大学学研大厦A座 **邮 编**：100084
社 总 机：010-83470000 **邮 购**：010-62786544
投稿与读者服务：010-62776969，c-service@tup.tsinghua.edu.cn
质量反馈：010-62772015，zhiliang@tup.tsinghua.edu.cn
课件下载：https://www.tup.com.cn，010-83470410
印 装 者：三河市铭诚印务有限公司
经 销：全国新华书店
开 本：185mm×260mm **印 张**：11.25 **字 数**：259千字
版 次：2025年2月第1版 **印 次**：2025年2月第1次印刷
定 价：49.00元

产品编号：105385-01

前言

当前，全球经济数字化转型不断加速，数字技术深刻改变着人类的思维、生活、生产、学习方式，推动世界政治格局、经济格局、科技格局、文化格局、安全格局深度变革，全民数字素养与技能日益成为国际竞争力和软实力的关键指标。《2024年提升全民数字素养与技能工作要点》中明确指出培育高水平复合型数字人才，包括全面提升师生数字素养与技能、提高领导干部和公务员数字化履职能力、培育高水平数字工匠、培育乡村数字人才、壮大行业数字人才队伍。

数字素养与技能是数字社会公民学习、工作、生活应具备的数字获取、制作、使用、评价、交互、分享、创新、安全保障、伦理道德等一系列素质与能力的集合。提升高技能人才数字素养与技能顺应数字时代的要求，是实现数字人才强国的必由之路，更可为建成网络强国、数字中国、智慧社会提供有力支撑。

本书深度对接新版职业教育专业教学标准和《教师数字素养》教育行业标准，重点服务中高职财经商贸大类、文化艺术大类及新闻传播大类各相关专业课程，辐射所有职教师生。本书共分为四个模块，精选了31个典型工作任务，基于DeepSeek大模型，全面介绍在AI视域下文生文、文生图、图生图、图生模型和图生视频等实用、适用的AI工具和数字技术。

本书以模块为载体，按任务目标→任务导入→任务准备→任务实施→任务评价实施“五步”教学，注重对所学知识的练习和巩固并提高实战技巧，从而使读者能跟进数字时代的发展，设计与制作数字资源，提升数字素养。

本书有配套的在线开放课程（https://www.xueyinonline.com/detail/250089663），方便读者进行线上线下的混合式学习，书中所有案例的素材文件和教学微课，以及与各任务配套的思维导图教案均可上线使用和下载。

本书在结构体例上一是采用思维导图架构，避免复杂的文字叙述，适应知识的结构化呈现；二是采用“以图说文”，即以高清图表为主要表现形式，适应知识的可视化呈现；三是配套“短小精趣”的微课，适应知识的高效化呈现。

各模块教学学时安排建议如下。

模　　块	内　　容	学时	编者
模块一　智能化技术	任务一　DeepSeek 布署	30	倪　彤 陈　彧
	任务二　AI 搜索		
	任务三　AI 写作		
	任务四　AI 作图		
	任务五　AI 视频		
	任务六　AI PPT		
	任务七　AI 分析		
	任务八　AI 数字人		
	任务九　AI 修图		
	任务十　AI 音频		
	任务十一　AI 笔记		
	任务十二　AI 综合运用		
	任务十三　元宇宙智慧教学		
模块二　动态化技术	任务一　Gif 动图	16	李枘璟
	任务二　手绘动画		
	任务三　卡通动画		
	任务四　万彩动画大师		
	任务五　动态文本		
	任务六　动态图形		
	任务七　动态图片		
	任务八　动态背景		
模块三　交互式技术	任务一　希沃白板	14	周　波
	任务二　万彩演示大师		
	任务三　万彩 VR		
	任务四　Kivicube		
	任务五　优芽		
	任务六　超级黑板		
模块四　可视化技术	任务一　幕布	12	周　波
	任务二　亿图脑图		
	任务三　亿图图示		
	任务四　知识图谱		
总　计		72	

本书由陈彧和倪彤担任主编，模块一由安徽理工大学倪彤教授、天津滨海职业学院陈彧教授编写，模块二由四川文化产业职业学院李枘璟老师编写，模块三和模块四由贵州医科大学神奇民族医药学院周波老师编写，倪彤教授统稿。

由于时间仓促，疏漏和不妥之处在所难免，恳请广大读者提出宝贵意见。

编　者

2025 年 1 月

目录

模块一　智能化技术 …… 2

任务一　DeepSeek 布署 …… 2

任务二　AI 搜索 …… 9

任务三　AI 写作 …… 12

任务四　AI 作图 …… 17

任务五　AI 视频 …… 21

任务六　AI PPT …… 26

任务七　AI 分析 …… 31

任务八　AI 数字人 …… 35

任务九　AI 修图 …… 40

任务十　AI 音频 …… 44

任务十一　AI 笔记 …… 49

任务十二　AI 综合运用 …… 54

任务十三　元宇宙智慧教学 …… 60

模块二　动态化技术 …… 68

任务一　Gif 动图 …… 68

任务二　手绘动画 …… 77

任务三　卡通动画 …… 82

任务四　万彩动画大师 …… 86

任务五　动态文本 …… 92

任务六　动态图形 …… 98

任务七　动态图片 …… 104

任务八　动态背景 …… 112

模块三　交互式技术 …… 120

任务一　希沃白板 …… 120

任务二　万彩演示大师 …… 125

任务三　万彩 VR …… 130

任务四　Kivicube …… 135

任务五　优芽 …… 140

任务六　超级黑板 …… 145

模块四　可视化技术 …… 150

任务一　幕布 …… 150

任务二　亿图脑图 …… 153

任务三　亿图图示 …… 157

任务四　知识图谱 …… 162

参考文献 …… 174

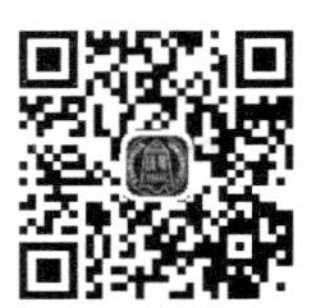

本书素材

模块一结构图

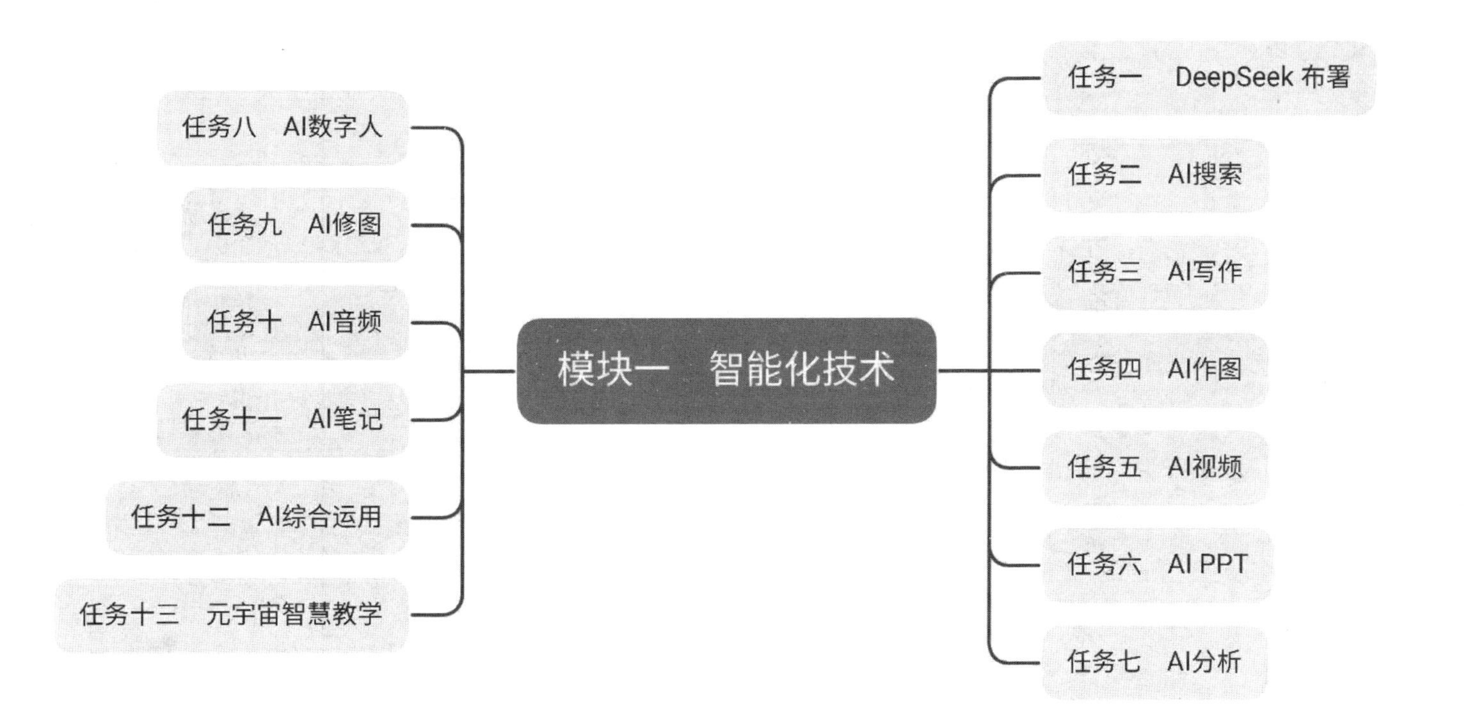
模块一　智能化技术
任务一　DeepSeek 布署
任务二　AI搜索
任务三　AI写作
任务四　AI作图
任务五　AI视频
任务六　AI PPT
任务七　AI分析
任务八　AI数字人
任务九　AI修图
任务十　AI音频
任务十一　AI笔记
任务十二　AI综合运用
任务十三　元宇宙智慧教学

模块一

智能化技术

任务一　DeepSeek 布署

班级：________姓名：________日期：________地点：________学习领域：AIGC

DeepSeek
布署

任务目标

1. DeepSeek 手机端布署。
2. DeepSeek 网页端布署。
3. DeepSeek 本地布署。
4. DeepSeek API 布署。
5. DeepSeek 提示词模板。

任务导入

DeepSeek(深度求索)是一家专注实现 AGI(通用人工智能)的中国科技公司，相比国外 AI，它在中文理解上更接地气。DeepSeek 是行业全能助手，例如，在教育领域能个性化辅导学生学习。

任务准备

DeepSeek 联网和本地布署所用到的软件。

任务实施

步　　骤	说明或截图
1. DeepSeek 手机端布署：在应用商店下载并安装 DeepSeek App，即可进入正常使用。	新对话 嗨！我是 DeepSeek 我可以帮你搜索、答疑、写作，请把你的任务交给我吧~ 给 DeepSeek 发送消息 深度思考 (R1)　联网搜索

续表

<table>
<tr><th>步　骤</th><th>说明或截图</th></tr>
<tr><td>2. DeepSeek 网页端布署：输入网址 https://www.deepseek.com/。单击“开始对话”按钮，进入 DeepSeek 工作界面，注册、登录之后，进入正常使用状态。</td><td>
</td></tr>
<tr><td>3. DeepSeek 本地布署：输入网址 https://ollama.com/，打开 ollama 网页，单击 Download 按钮，准备下载安装 AI 大模型运行环境。
继续单击 Download for Windows 按钮，开始下载。</td><td>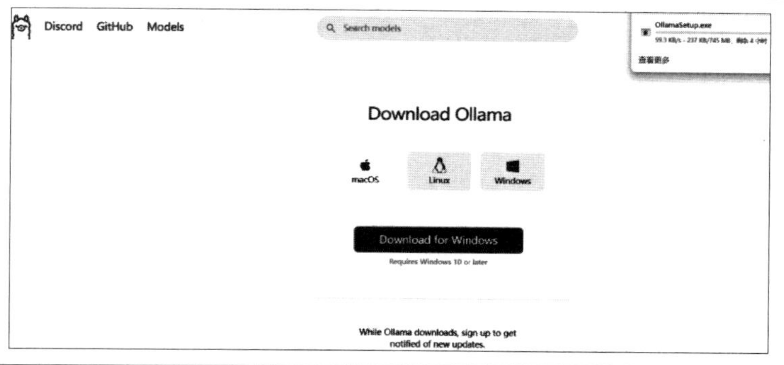
</td></tr>
<tr><td>4. 双击 OllamaSetup.exe 文件，单击 Install 按钮，开始安装，直到安装完毕。</td><td>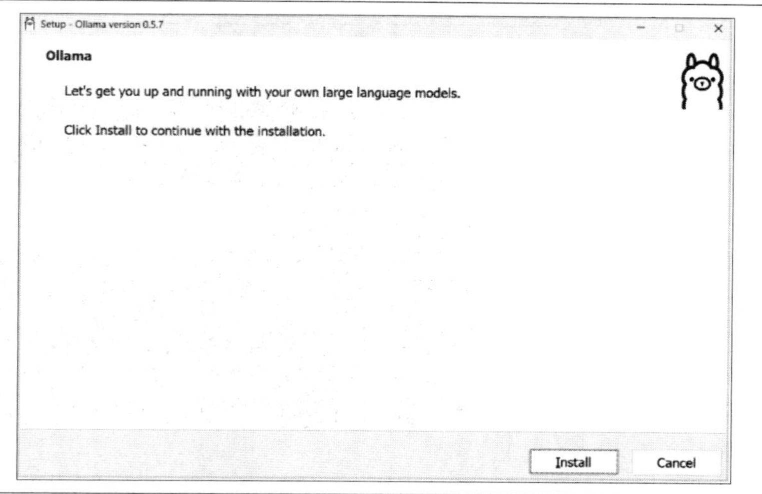
</td></tr>
</table>

续表

步　　骤	说明或截图
5. 按组合键 Win＋R，输入 cmd 指令，进入字符命令环境。 输入指令：ollama -v。 返回 ollama 版本号：0.5.7，表示 AI 大模型运行环境安装成功。	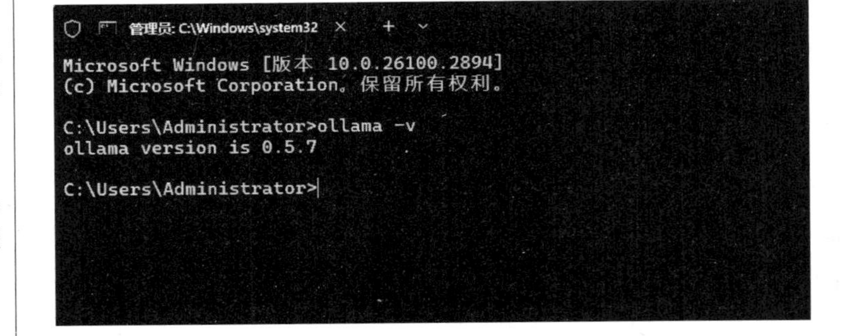
6. 切换回 ollama 主界面，单击 Models 标签，单击 deepseek-r1 按钮，下拉菜单选 8b，再复制右侧的指令： ollama run deepseek-r1:8b。	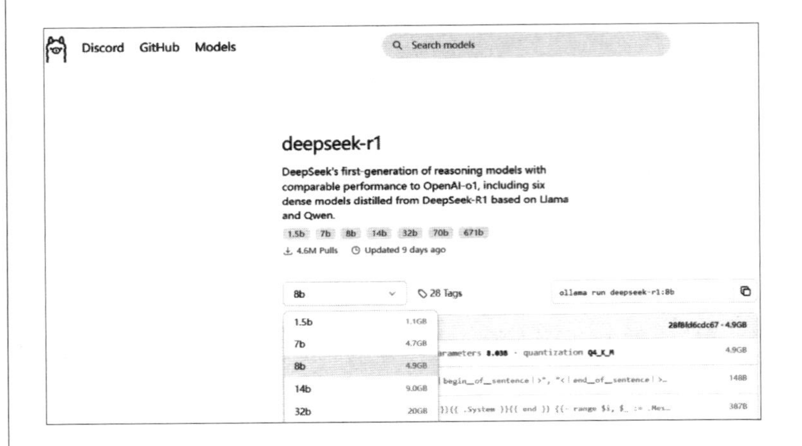

7. DeepSeek 大模型安装完毕，进行测试，输入信息：
“你好啊”。
反馈信息：
“你好！很高兴见到你，有什么我可以帮忙的吗？”
至此，DeepSeek 本地大模型部署完毕。
	管理员: C:\Windows\system32
	Microsoft Windows [版本 10.0.26100.2894]
	(c) Microsoft Corporation。保留所有权利。
	C:\Users\Administrator>ollama run deepseek-r1:8b
	pulling manifest
	pulling 6340dc3229b0... 100% 4.9 GB
	pulling 369ca498f347... 100% 387 B
	pulling 6e4c38e1172f... 100% 1.1 KB
	pulling f4d24e9138dd... 100% 148 B
	pulling 0cb05c6e4e02... 100% 487 B
	verifying sha256 digest
	writing manifest
	success
	>>> 你好啊
	<think>
	</think>
	你好！很高兴见到你，有什么我可以帮忙的吗？
	>>> Send a message (/? for help)

续表

<table>
<tr><th>步　　骤</th><th>说明或截图</th></tr>
<tr><td>8. 为了使操作界面更加友好,需进入 Chatbox 可视化界面,输入网址:https://chatboxai.app/zh。
单击“启动网页版”按钮,进入可视化界面配置。</td><td>
</td></tr>
<tr><td>9. 单击左侧的 Settings(设置)按钮,打开 Settings 对话框。
单击 DISPLAY 标签,将 Language 项设置为“简体中文”。
单击 MODEL 标签,将 Model Provider 项设置为 OLLAMA API。
最后单击 SAVE 按钮。</td><td>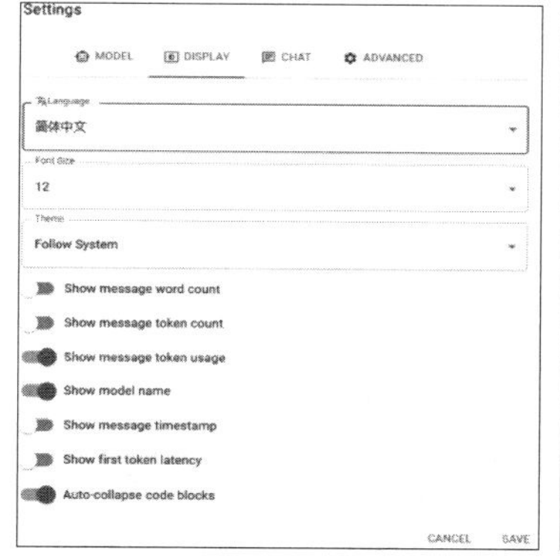

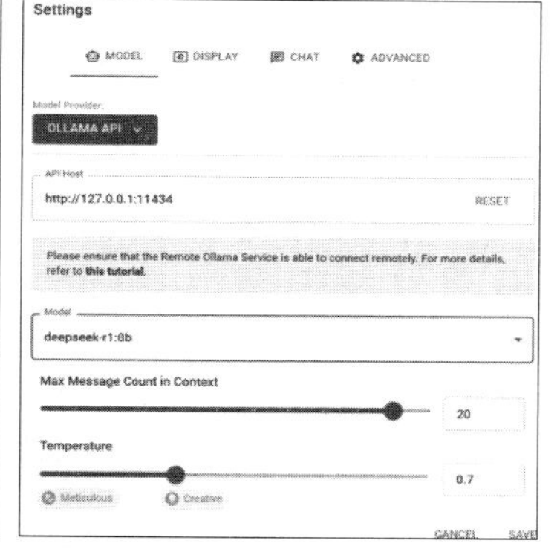
</td></tr>
<tr><td>10. 按组合键 Win+X 展开“系统 > 系统信息”对话框。
单击“高级系统设置”按钮,再单击“环境变量”按钮。</td><td></td></tr>
</table>

续表

步　　骤	说明或截图
11. 在打开的“新建系统变量”对话框中添加两个变量：OLLAMA _ HOST、OLLAMA _ ORIGINS，并将其值分别设置为 0.0.0.0 和 * 。	新建系统变量 变量名(N): OLLAMA_HOST 变量值(V): 0.0.0.0 浏览目录(D)... 浏览文件(F)... 确定 取消 新建系统变量 变量名(N): OLLAMA_ORIGINS 变量值(V): * 浏览目录(D)... 浏览文件(F)... 确定 取消
12. 再次刷新并返回 Chatbox 主界面，输入提示词：“你好，DeepSeek. ” DeepSeek 反馈信息如右图所示，至此，DeepSeek 在本地布署完成。	
13. 输入网址 https://siliconflow. cn/zh-cn/，打开“硅基流动”主页。单击右上角的 Login 按钮，注册、登录之后，进入“硅基流动”的模型广场。	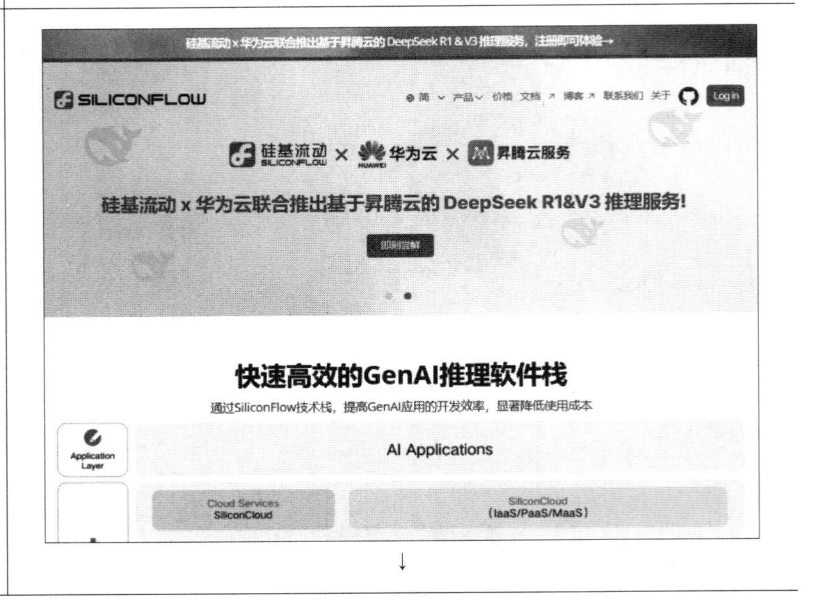 ↓

续表

步　　骤	说明或截图
13.（续） 选定 deepseek-ai/DeepSeek-R1 模型，单击左侧的“API 密钥”按钮，进入“API 密钥”设置界面。 注：API（application programming interface）应用程序编程接口。	
14. 单击右上角的“新建 API 密钥”按钮，可创建多个 API 密钥，单击可复制密钥。	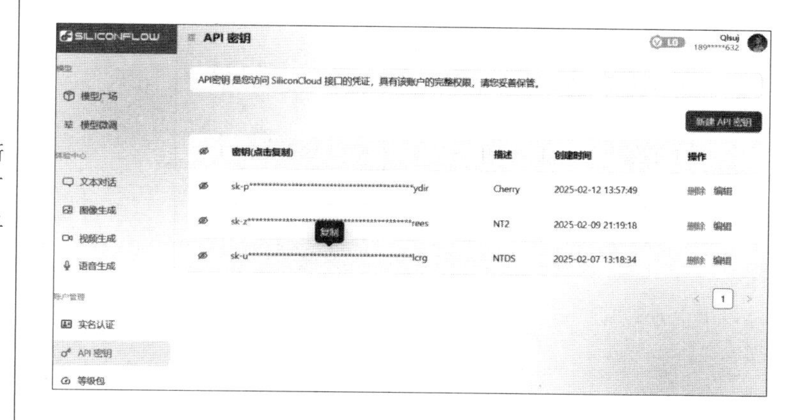
15. 输入网址 https://cherry- ai. com/download，打开相应的网页。单击“立即下载”按钮，下载 Cherry Studio 客户端。	 ↓

续表

步　　骤	说明或截图
15.（续） 安装并运行客户端，注册、登录之后，单击左侧的“设置”按钮，选定“硅基流动”，粘贴“API密钥”。	
16. 单击左侧的“助手”按钮，进入“会话”层级，输入提示词： nitong 中有几个 n? deepseek-ai/DeepSeek-V3 大模型应答结果如右图所示。 至此，DeepSeek API 布署完成。	
17. 使用 DeepSeek 时，通常的提示词如下。 (1) 我是××，给××用，希望××，你要××。 (2) 背景+身份+需求。 例：我是一名教授，要给高职老师上数字素养提升课程，时长 2 学时，希望取得接地气的评价，请你帮我以思维导图方式拟个授课大纲。 单击“发送”按钮之后，得到预期的效果。	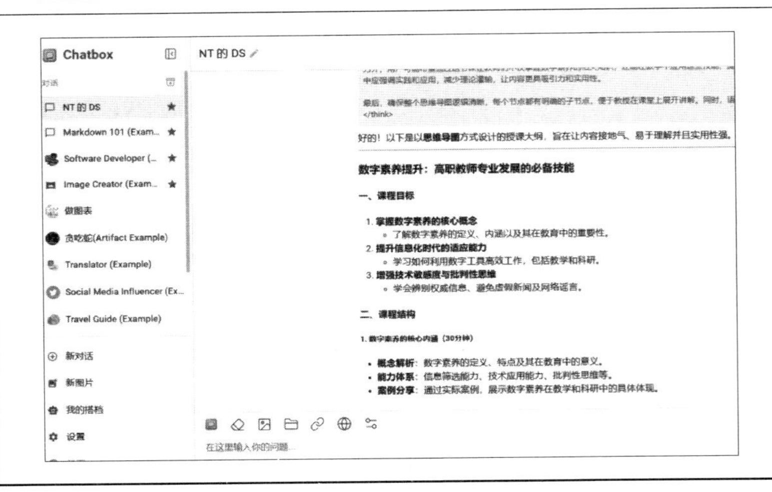

任务评价

1. 自我评价

☐ DeepSeek 手机端布署　　☐ DeepSeek 网页端布署

☐ DeepSeek 本地布署　　☐ DeepSeek API 布署

☐ 在 DeepSeek 中进行文案改写　　☐ 在 DeepSeek 中截图提问

2. 教师评价

工作页完成情况：☐ 优 ☐ 良 ☐ 合格 ☐ 不合格

任务二　AI　搜　索

班级：________姓名：________日期：________地点：________学习领域：AIGC

任务目标

AI 搜索

1. 学会豆包客户端的安装、注册、登录。
2. 学会在豆包中进行 AI 搜索。
3. 学会百度 AI 搜索版的使用方法。
4. 学会 360AI 搜索版的使用方法。
5. 学会秘塔 AI 搜索版的使用方法。

任务导入

AI 搜索与传统搜索引擎的区别之处：精准理解用户需求、搜索速度快、信息时效性强、提供无广告的清爽体验和具备多种实用功能。

任务准备

调用豆包等几个主流大模型进行 AI 搜索，给定同一个提示词，比较查询结果的异同。

任务实施

步　　骤	说明或截图
1. 打开网页 https://www.doubao.com/download/desktop，下载豆包客户端，安装、注册并登录。 运行豆包客户端，出现"AI 搜索"等版块。	

续表

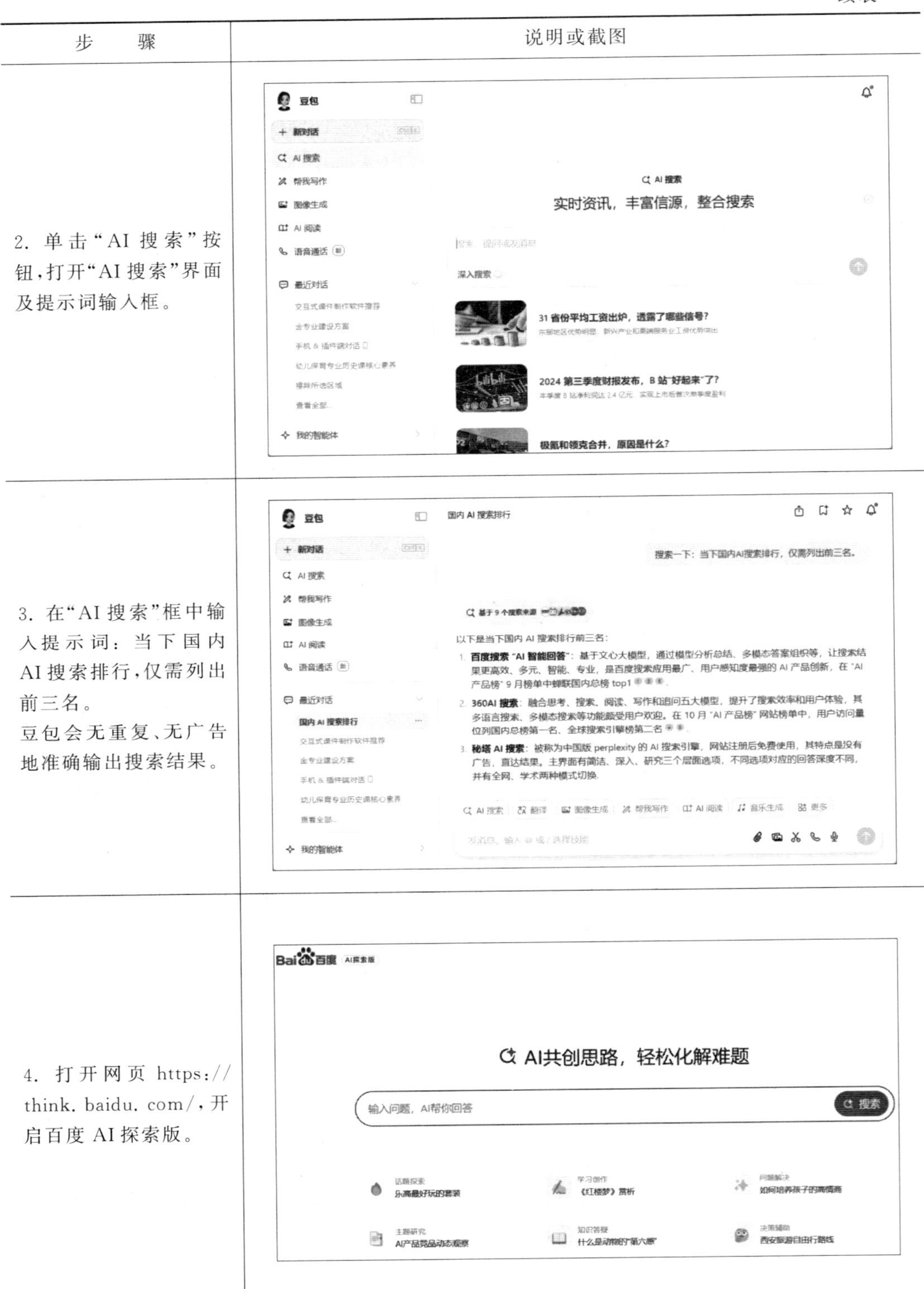

步　骤	说明或截图
2. 单击“AI 搜索”按钮，打开“AI 搜索”界面及提示词输入框。	
3. 在“AI 搜索”框中输入提示词：当下国内 AI 搜索排行，仅需列出前三名。 豆包会无重复、无广告地准确输出搜索结果。	
4. 打开网页 https://think.baidu.com/，开启百度 AI 探索版。	

续表

步　骤	说明或截图
5. 在“AI 搜索”框中输入以下提示词。 请梳理一下当下职业教育的重点领域，例如：五金建设。 百度 AI 探索版会给出专业和权威的解答。	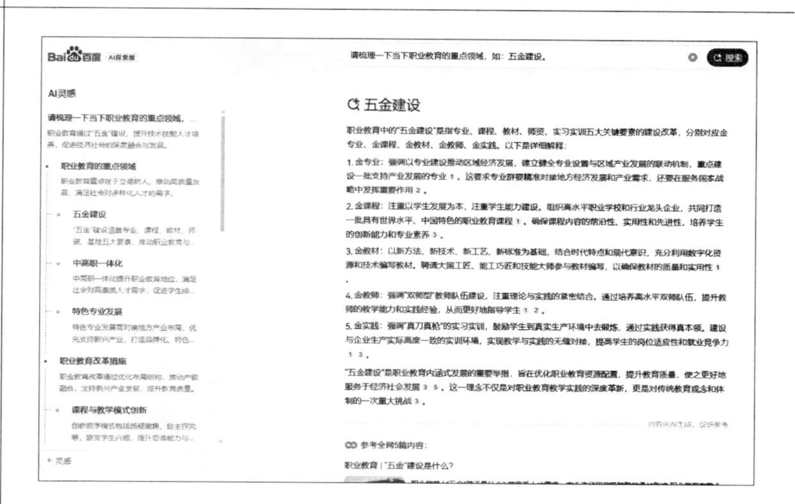
6. 安装并运行 360AI 浏览器。 单击左侧的“AI 搜索”按钮，进入 360AI 搜索。	
7. 在“360AI 搜索”框中输入提示词： 试述世界职业院校技能大赛与全国职业院校技能大赛在评价体系的主要区别。 360AI 搜索版会以多种形态回答你所提出的问题，同时还可生成演示 PPT。	

续表

<table>
<tr><th>步　　骤</th><th>说明或截图</th></tr>
<tr><td>8. 打开网页 https://metaso.cn/?s=wetaba，开启秘塔 AI 搜索。</td><td>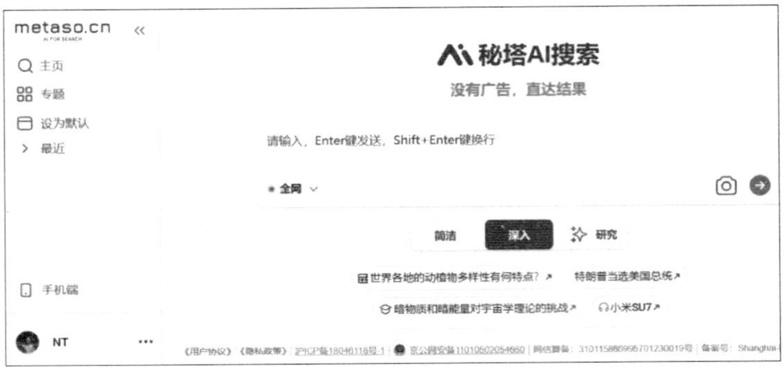
</td></tr>
<tr><td>9. 在“AI 搜索”框中输入以下提示词。
如何实施世界职业院校技能大赛评价体系所倡导的：技能本位、问题导向。
秘塔 AI 搜索会准确、快速地输出结果，自动生成脑图，还可生成演示文稿。</td><td>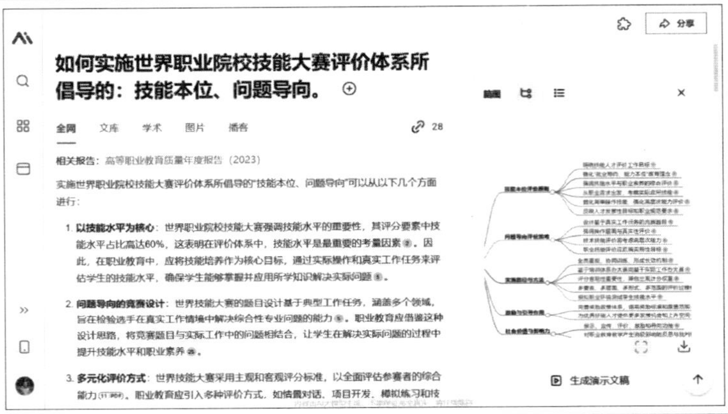
</td></tr>
</table>

任务评价

1. 自我评价

□ 基于国产大模型的 AI 搜索	□ 比较以下四种 AI 搜索的异同
□ 豆包“AI 搜索”	□ 百度 AI 探索版
□ 360AI 搜索	□ 秘塔 AI 搜索

2. 教师评价

工作页完成情况：□ 优 □ 良 □ 合格 □ 不合格

任务三　AI　写　作

班级：________ 姓名：________ 日期：________ 地点：________ 学习领域：AIGC

AI 写作

任务目标

1. 学会使用豆包“帮我写作”智能体。

2. 会以 Word 格式下载生成的文案。

3. 掌握 Kimi“论文改写”智能体的使用。

4. 会上传参照文件，如文档、表格、PPT 和图片等。

任务导入

使用 AI 辅助文章写作，致力于文章的个性化重塑，可极大地提高文章撰写的绩效。同时注重设计提示词，可降低文章相似度（去重）以及消除 AI 写作风格。

任务准备

在豆包和 Kimi 中定位文章写作智能体，注意在提示词中去重和去“AI 味”的技巧。

任务实施

步　　骤	说明或截图
1. 登录豆包网页或运行豆包客户端，进入豆包的工作界面。 单击“帮我写作”按钮，进入豆包多种体裁文档撰写界面。	

续表

步　骤	说明或截图
2. 在“帮我写作”的工作界面，单击“研究报告”按钮，选定体裁。	帮我写作 多种体裁，润色校对，一键成文 全部　工作　学习/教育　日常生活　商业营销　文学艺术　回复和改写 长文写作　文章　宣传文案　作文 话术　论文　研究报告　总结汇报 诗歌　小红书　朋友圈　微博 故事　方案策划　评语　教案 帮我写一篇关于［主题］的研究报告。　分步骤
3. 在输入框中输入提示词：帮我写一篇关于中职教学成果如何突出能力导向、解决实际问题、体现创新因素的研究报告。限定 5000 字以内。 单击“发送”按钮，豆包便为你生成标题和编写大纲。 注：生成的编写大纲可做进一步编辑。	
4. 单击步骤 3 中的“基于大纲生成文档”按钮，生成文案。 单击“帮我写作”界面上方的“下载”按钮，可将生成的文案以 Word 或 PDF 格式进行保存。	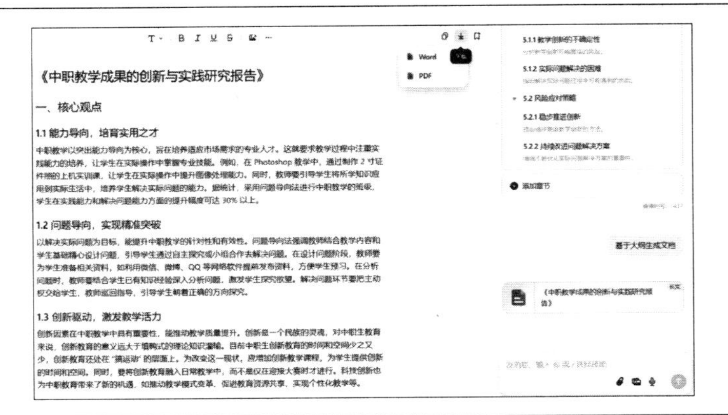

续表

步　　骤	说明或截图
5. 打开网页 https://kimi. ai/，单击左侧的“Kimi ＋”按钮，进入“辅助写作”版块。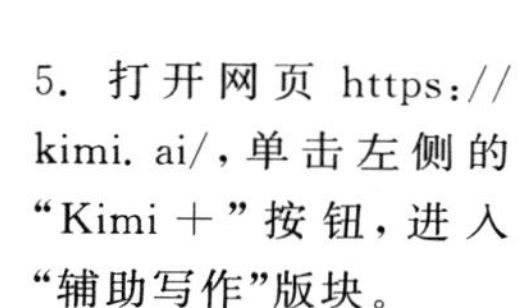	
6. 单击“论文改写”按钮，进入文章的个性化重塑。 其中包括降低相似度、消除 AI 写作风格，如右图所示。	

续表

<table>
<tr><th>步　　骤</th><th>说明或截图</th></tr>
<tr><td>7. 单击“回形针”按钮，上传一个 PDF 文档，在输入框中输入提示词：请依据以下 PDF 文件，撰写一篇学术论文，字数在 3000 左右。要保证内容的自然和流畅，用口语化的方式来输出。</td><td>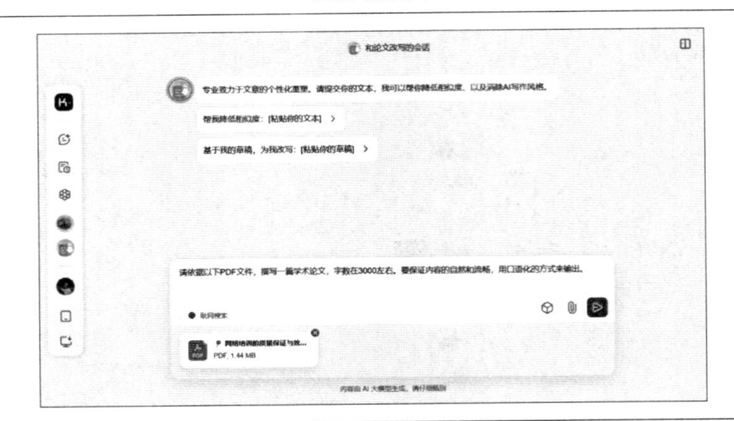
</td></tr>
<tr><td>8. 单击步骤 7 图中的发送按钮，Kimi“论文改写”智能体将依据右图上方思维导图格式的 PDF 文档，生成下方格式规范的学术论文。</td><td>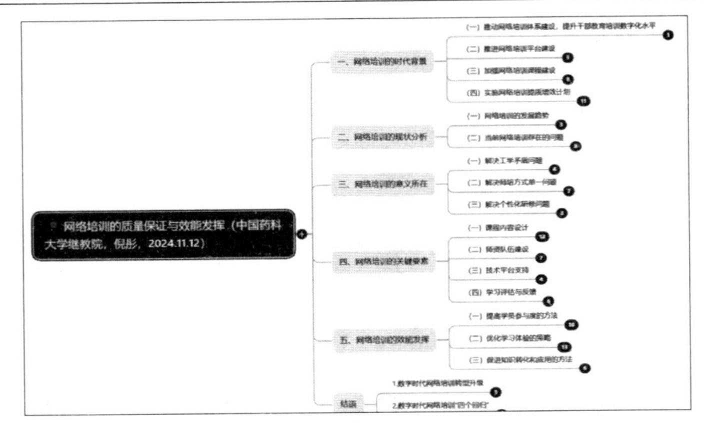

↓
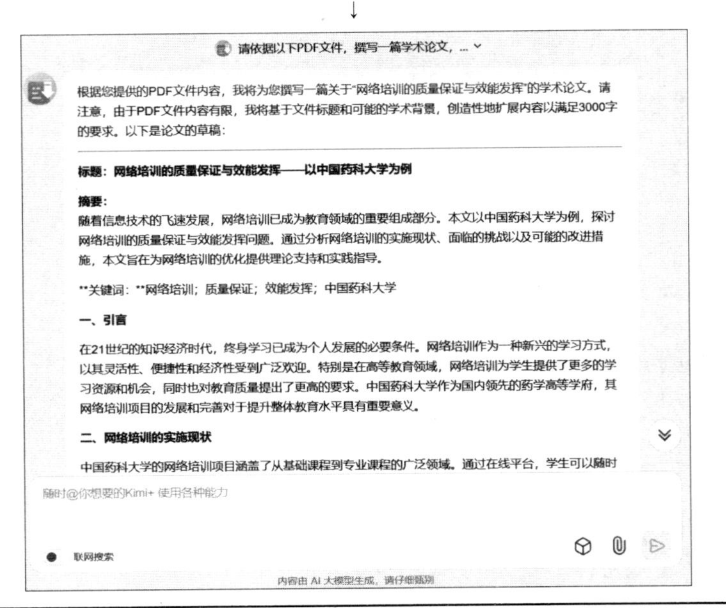
</td></tr>
</table>

任务评价

1. 自我评价

☐ 调用豆包“帮我写作”智能体　　☐ 豆包文案撰写流程
☐ 下载生成的可编辑文档　　☐ 调用 Kimi“论文改写”智能体
☐ 上传参考文档等资料　　☐ 在 Kimi 中的去相似度、去“AI 味”

2. 教师评价

工作页完成情况：☐ 优 ☐ 良 ☐ 合格 ☐ 不合格

任务四　AI 作图

班级：________姓名：________日期：________地点：________学习领域：AIGC

任务目标

AI 作图

1. 会调用豆包“图像生成”智能体。
2. 分析“做同款”提示词的使用技巧。
3. 能完成 AI 抠图、AI 移除、AI 区域重绘和 AI 扩图。
4. 能对上传的参考图进行智能编辑。

任务导入

豆包“图像生成”智能体是当下“文生图”方面的后起之秀，以其操作简便、自定风格、搜集灵感和复制同款的特征，深受广大用户的喜爱且功能还在不断完善。

任务准备

在豆包“图像生成”智能体“做同款”项中，分析提示词撰写的规律及技巧，提高控图精度。

任务实施

步　　骤	说明或截图
1. 打开豆包客户端，单击“图像生成”按钮，进入“图像生成”智能体。 提示词撰写提示： 场景、角色、情绪、风格等。	

续表

步　骤	说明或截图
2. 在“精选”模板中单击某张图片，分析其提示词撰写： 戴珍珠耳环的少女，约翰内斯·维米尔，受荷兰黄金时代绘画启发，背景是日本街头。 可用中文自然语言描述以上属性，顺序可自由组合，越往前排，权重越大。	
3. 输入以下提示词。 十二生肖青花瓷兔，昂首跨进 2025 年，背景是科技城合肥，比例：9∶16。 生成的图片可无水印下载至本地。	
4. 返回豆包“图像生成”智能体，单击“AI 抠图”按钮。 上传一张照片，智能体能自动识别照片中的人物主体。 单击“抠出主体”按钮，完成人物抠像。	 ↓

续表

<table>
<tr><th>步　　骤</th><th>说明或截图</th></tr>
<tr><td>4.（续）
抠图结果图片可以以PNG透明背景格式保存至本地。</td><td></td></tr>
<tr><td>5. 返回豆包“图像生成”智能体，单击“擦除”按钮。
上传一张照片，用鼠标涂抹要擦除的区域，单击“擦除所选区域”按钮，完成移除画布中多余的人物操作。
擦除结果图片可以以PNG格式保存至本地。</td><td>
↓
</td></tr>
</table>

续表

<table>
<tr><th>步　骤</th><th>说明或截图</th></tr>
<tr><td>6. 返回豆包“图像生成”智能体，单击“区域重绘”按钮。
上传一张照片，用鼠标涂抹要重新绘制的区域，输入提示词：此处修建一座灯塔，单击“发送”按钮，完成区域重绘操作。
区域重绘结果图片可以以 PNG 格式保存至本地。</td><td>

↓

</td></tr>
<tr><td>7. 返回豆包“图像生成”智能体，单击“扩图”按钮。
上传一张照片，原比例为 9∶16。</td><td>

↓</td></tr>
</table>

续表

步　　骤	说明或截图
7.（续） 单击“16∶9”按钮，单击“按新尺寸生成图片”按钮，完成扩图操作。 扩图结果图片可以以PNG格式保存至本地。	

任务评价

1. 自我评价

□ 调用“图像生成”智能体　　□ 在“做同款”中寻找提示词撰写技巧

□ AI 抠图　　□ AI 擦除

□ 区域重绘　　□ AI 扩图

□ 参考图智能编辑　　□ 比例、风格设定

2. 教师评价

工作页完成情况：□ 优 □ 良 □ 合格 □ 不合格

任务五　AI　视　频

班级：________姓名：________日期：________地点：________学习领域：AIGC

任务目标

AI 视频

1. 学会即梦的打开、注册和登录。
2. 使用即梦以三种方法生成视频。
3. 学会 Vidu 的打开、注册和登录。
4. 使用 Vidu 以三种方法生成视频。

任务导入

AI 视频技术为视频领域带来了更多的可能性和创新应用，例如，在 VR、AR 等领域，AI 视频技术可以为用户提供更加沉浸式的体验；在智能客服、智能助手等领域，AI 视频技术可以通过视频交互为用户提供更加直观和便捷的服务。

任务准备

配置即梦、Vidu 的作业环境，准备兵马俑等素材图片。

任务实施

步　　骤	说明或截图
1. 打开即梦网页 https://jimeng.jianying.com/ai-tool/home，注册、登录，进入工作界面。	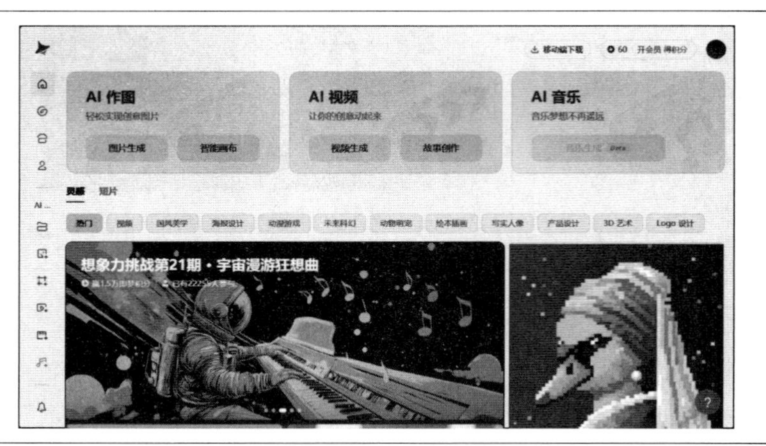
2. 单击 AI 视频版块的“视频生成”按钮，进入即梦三种视频生成的工作界面。	
3. 单击“文本生视频”标签，输入提示词：阳光、沙滩、海浪、仙人掌，还有一位倚靠在船边的东方美女。 设定好视频比例为 16：9，再单击“生成视频”按钮，生成一个与提示词高度吻合的视频，时长为 5s。	

续表

步　　骤	说明或截图
4. 单击“图片生视频”标签，上传一张图片，输入提示词： 初冬时节，我走在南京梧桐大道，风吹树叶在摇曳。 单击“生成视频”按钮，参考首帧，生成一个与提示词基本吻合的视频，时长为5s。	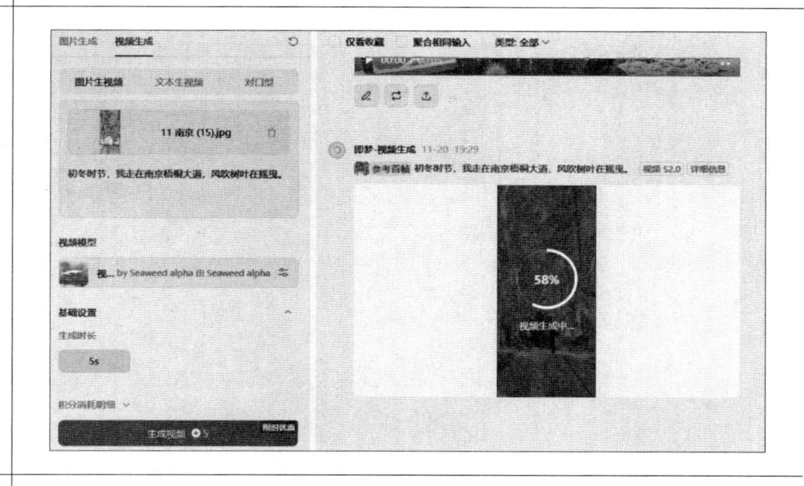
5. 单击“对口型”标签，上传一张图片，在“文本朗读”项，输入使用中英两种语言撰写的提示词： 嘿，我是来自长安的兵马俑，今天给大家展示我的数字分身。 Hey, I'm a terracotta warrior from Chang'an, and I'm showing you my digital clone today. 进行以下设定。 朗读音色：猴哥； 生成效果：生动。 单击“生成视频”按钮，生成一个照片开口说中英文的视频，时长为5s。	 ↓ 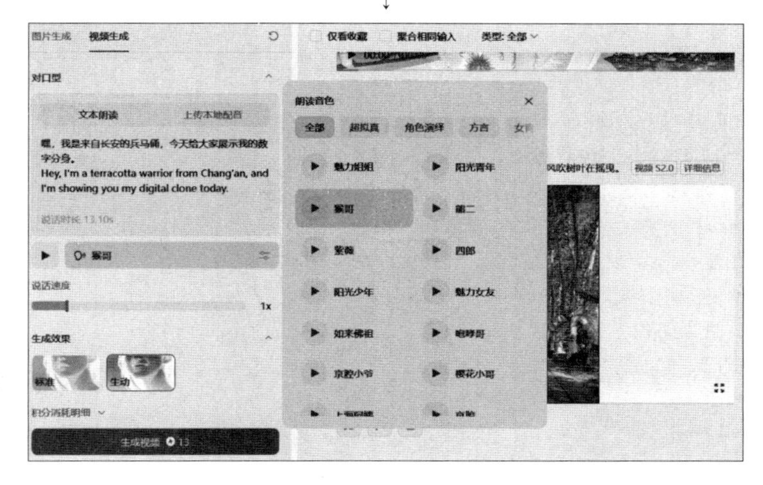

续表

步　　骤	说明或截图
6. 打开 Vidu 网页 https://www.vidu.studio/zh/create/img2video，注册、登录，进入工作界面。	
7. 单击“文生视频”标签，输入提示词： 一颗璀璨夺目的祖母绿宝石戒指，宝石呈现出浓郁深邃的绿色。戒指的戒托由精致的白金打造，摆放在红色丝绸之上。 设定视频比例为 16∶9，再单击“创作”按钮，开始列队生成视频，时长为 4s。	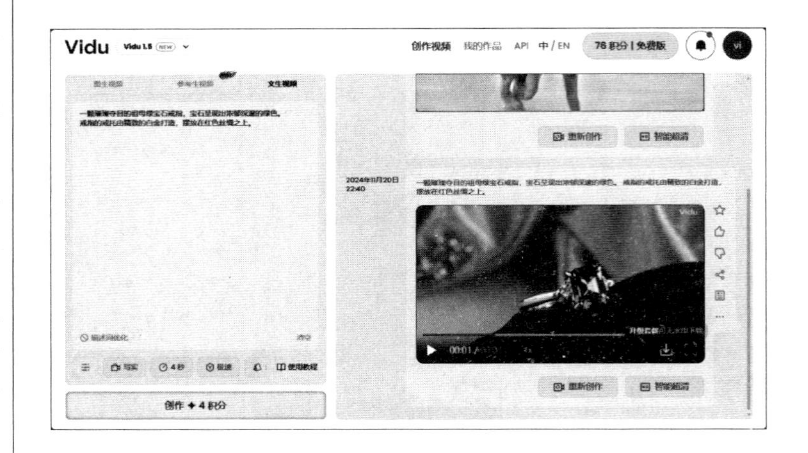
8. 单击“图生视频”标签，开启尾帧，上传首帧和尾帧两张图片，输入提示词： 向右运镜，实现人物从首帧走向尾帧。 再单击“创作”按钮，开始列队生成视频，时长 4s。	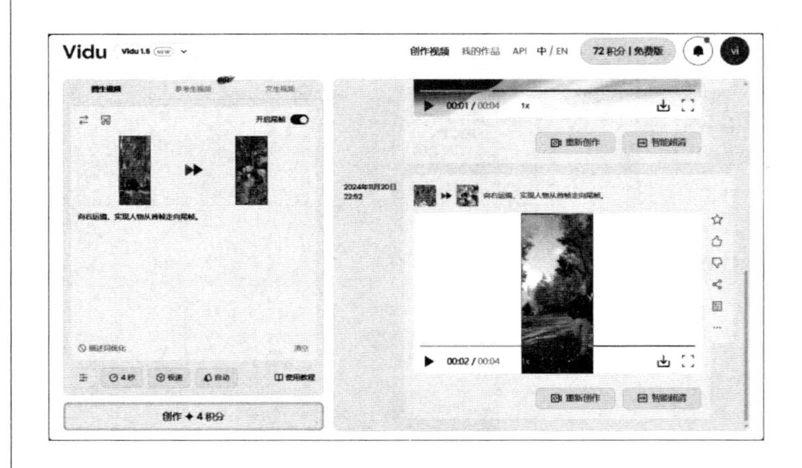

续表

<table>
<tr><th>步　骤</th><th>说明或截图</th></tr>
<tr><td>9. 单击“参考生视频”标签，开启“多主体参考”，上传三张图片并框选照片中的主体。</td><td>
</td></tr>
<tr><td>10. 输入提示词：男坐沙发，女伫立沙发左侧，镜头缓慢推近。
单击“创作”按钮，开始列队生成视频，时长 4s。</td><td>
</td></tr>
</table>

任务评价

1. 自我评价

□ 即梦文本生视频　　□ 即梦图片生视频

□ 即梦对口型　　□ Vidu 文生视频

□ Vidu 图生视频　　□ Vidu 参考生视频

2. 教师评价

工作页完成情况：☐ 优 ☐ 良 ☐ 合格 ☐ 不合格

任务六　AI PPT

班级：________姓名：________日期：________地点：________学习领域：AIGC

AI PPT

任务目标

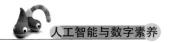

1. 会用“Kimi”→“PPT 助手”制作课件。
2. 会生成 PPT 文本大纲、选定并应用预设模板。
3. 学会下载可编辑的 PPT 课件。
4. 会用“通义”→“PPT 创作”制作课件。
5. 掌握上传本地文件生成 PPT 的方法。

任务导入

使用 AI 技术制作 PPT 演示文稿，极大地提高了教师备课和授课的绩效，其中“Kimi”→“PPT 助手”和“通义”→“PPT 创作”两个智能体更是以大厂产品、免费使用，深受广大一线教师的青睐。

任务准备

打开 Kimi 和通义两个官网，梳理 AI 制作 PPT 的多种方法。

任务实施

步　　骤	说明或截图
1. 打开 Kimi 网页 https://kimi.moonshot.cn/，注册并登录。 单击左侧的“PPT 助手”按钮，进入“PPT 助手”的界面。	

续表

<table>
<tr><th>步　骤</th><th>说明或截图</th></tr>
<tr><td>2. 在对话框中输入以下提示词。
请制作一份 PPT，主题：AI 技术在 2025’中职招生工作中的应用。
单击“发送”按钮，PPT 助手开始生成 PPT 分级的文本大纲。</td><td>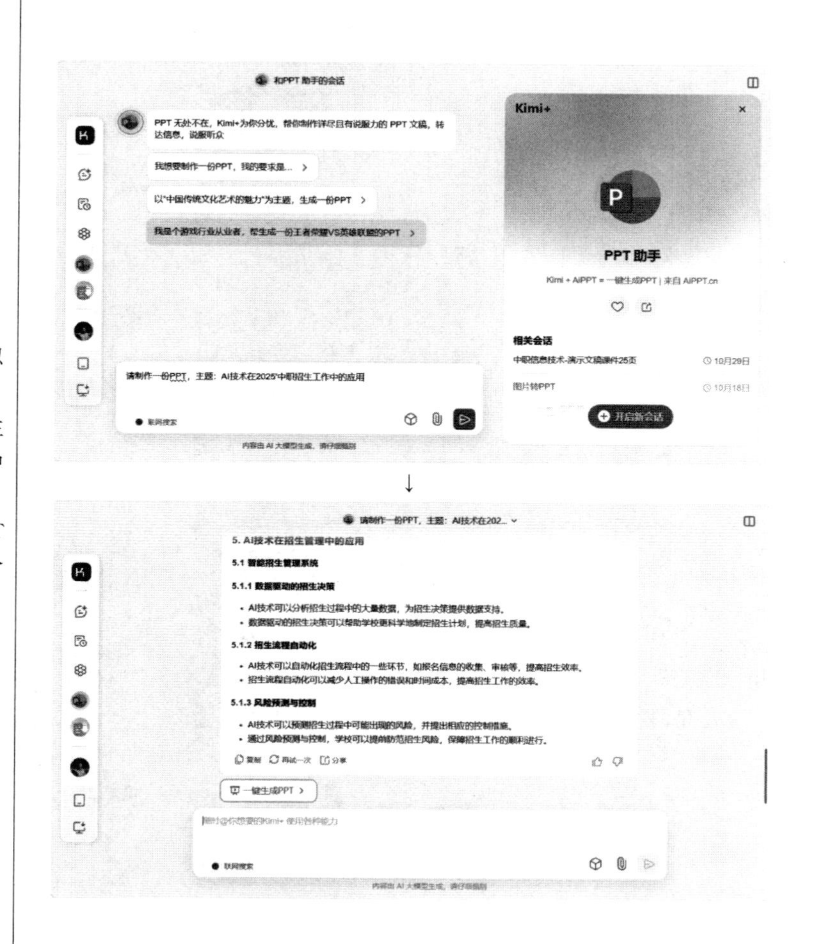</td></tr>
<tr><td>3. 单击步骤 2 中的“一键生成 PPT”按钮，弹出 PPT 模板选框，其中包括模板场景、设计风格和主题颜色。</td><td>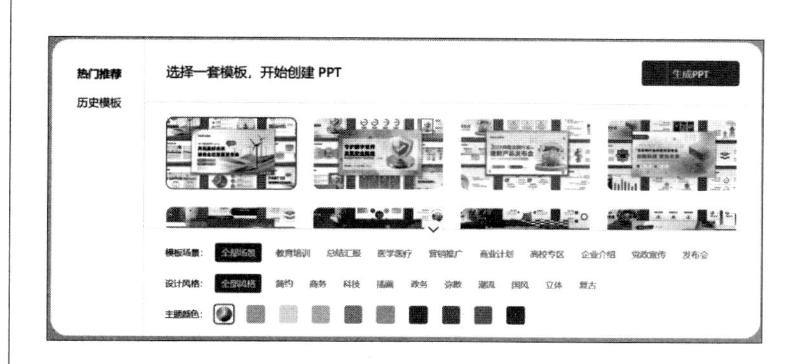</td></tr>
</table>

续表

<table>
<tr><th>步　　骤</th><th>说明或截图</th></tr>
<tr><td>4. 选定一个模板，再单击步骤 3 中的“生成 PPT”按钮，依据文本大纲，自动生成一套 PPT 演示文稿。</td><td>
</td></tr>
<tr><td>5. 单击步骤 4 中的“去编辑”按钮，可对 PPT 中的图文信息进行编辑。
单击右上角的“下载”按钮，可将 PPT 下载至本地。</td><td>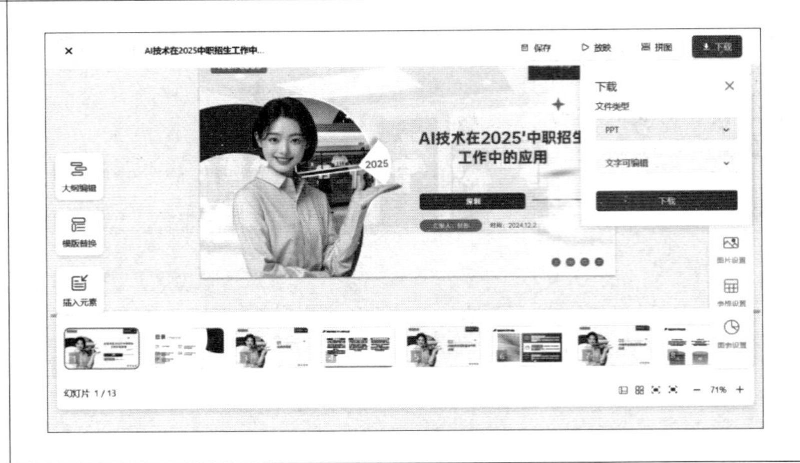
</td></tr>
<tr><td>6. 打开通义网页 https://tongyi.aliyun.com/，注册并登录。
单击“PPT 创作”按钮，进入“通义 PPT 创作”界面。</td><td>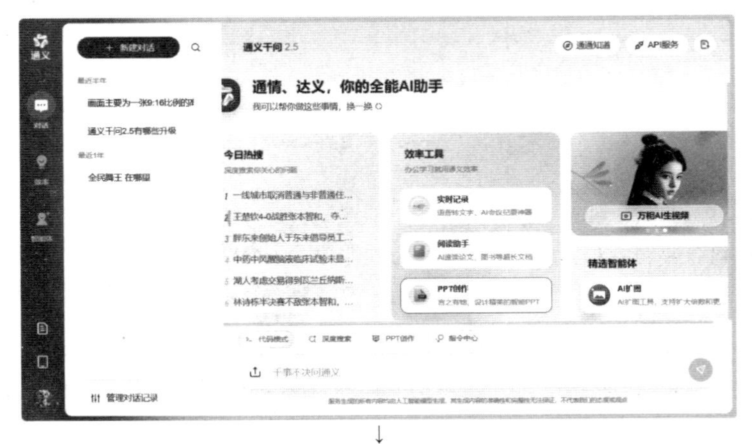

↓</td></tr>
</table>

续表

步　　骤	说明或截图
6.（续） 此处可用三种方式制作PPT：提示词、上传文件和长文本生成PPT。	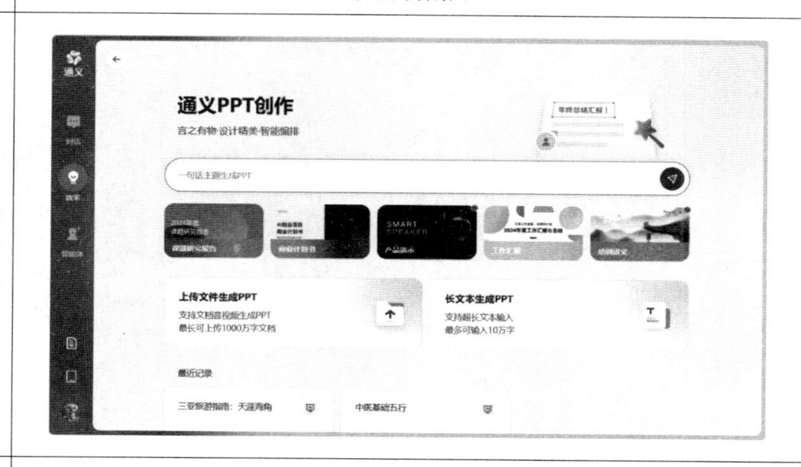
7. 单击步骤6中的“上传文件生成PPT”按钮，上传一个MP4格式的视频文件。 单击“下一步”按钮，生成可编辑的PPT文本大纲。	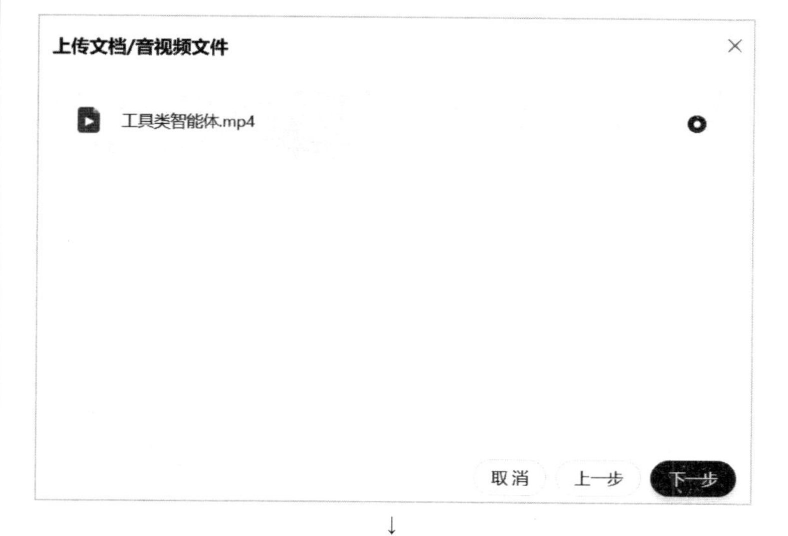 ↓ 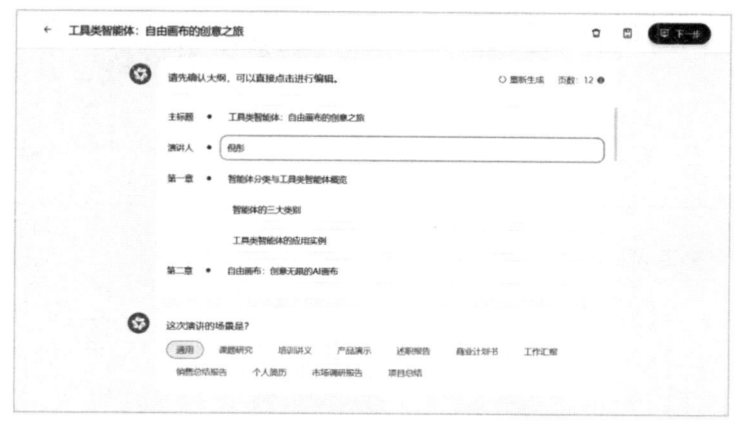

续表

步　　骤	说明或截图
8. 文本大纲编辑完成，单击步骤 7 的“下一步”按钮，进入 PPT 模板的选择页面。	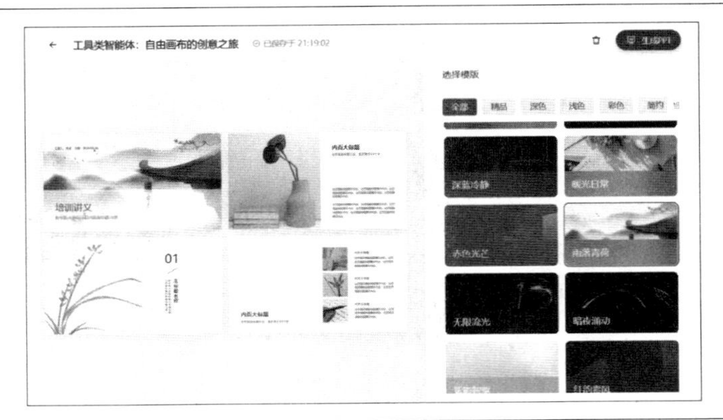
9. 在步骤 8 中选定一个模板，再单击“生成 PPT”按钮，在线生成一个 PPT。此处可进行演示、切换模板和导出操作。	
10. 单击右上角的“导出”按钮，可将在线 PPT 以多种格式导出至本地。	

任务评价

1. 自我评价

□ “PPT 助手”调用　　□ 用提示词生成 PPT

□ Kimi 生成 PPT 编辑、下载　　□ “PPT 创作”调用

□ 上传文件生成 PPT　　□ “通义”生成 PPT 编辑、下载

2. 教师评价

工作页完成情况：□ 优 □ 良 □ 合格 □ 不合格

任务七　AI　分　析

班级：________姓名：________日期：________地点：________学习领域：AIGC

AI 分析

任务目标

1. 会用“豆包”→“数据分析”文档及图片。
2. 会用“豆包”→“数据分析”制作图表。
3. 会调用“智谱清言”大模型。
4. 会用“智谱清言”→“数据分析”文档及图片。
5. 学会用“智谱清言”制作各类图表的方法。

任务导入

使用 AI 技术进行文档和图片等资料分析，可高效、准确地提取有价值的信息并以可视化的方式进行呈现。

任务准备

打开豆包和智谱清言两个官网，定位“数据分析”智能体。

任务实施

步　　骤	说明或截图
1. 运行豆包 PC 版，进入工作主界面。 单击“更多”按钮。	↓

续表

步　　骤	说明或截图
1.（续） 可见到“数据分析”智能体。	
2. 单击步骤1中的“数据分析”按钮，进入“数据分析”工作界面。 此处可对文档、PPT、PDF和图片文件进行分析处理。	
3. 单击“浏览文件”按钮，上传两张带有省份和平均退休金额的图片。 输入提示词：请绘制表格并按“金额”进行降序排列。 再单击“发送”按钮。	

续表

步　骤	说明或截图
4. 智能体将自动识别图片中的文本，按金额降序排列并绘制出表格，如右图所示。	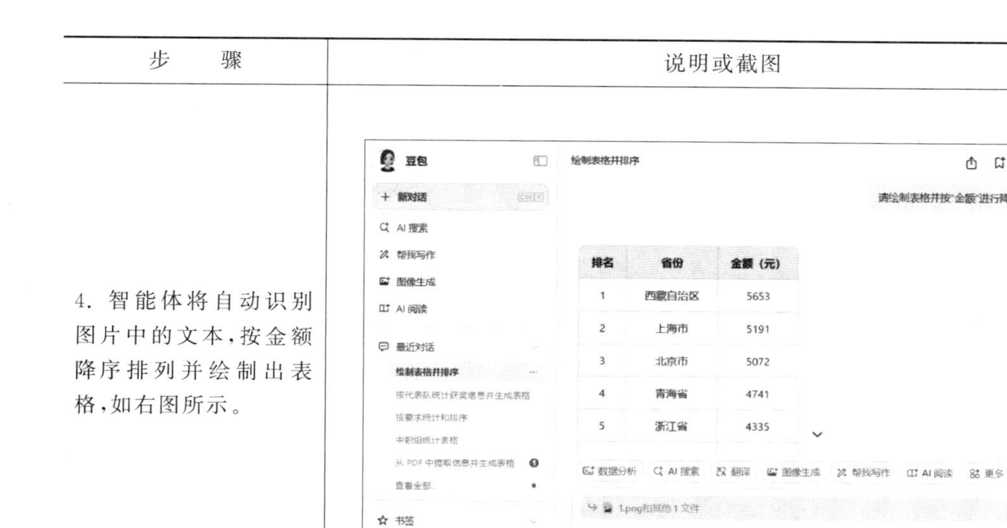
5. 打开智谱清言网页 https://chatglm.cn/main/alltoolsdetail?lang=zh，注册并登录。 单击左侧的"数据分析"按钮，进入"数据分析"工作界面。	

续表

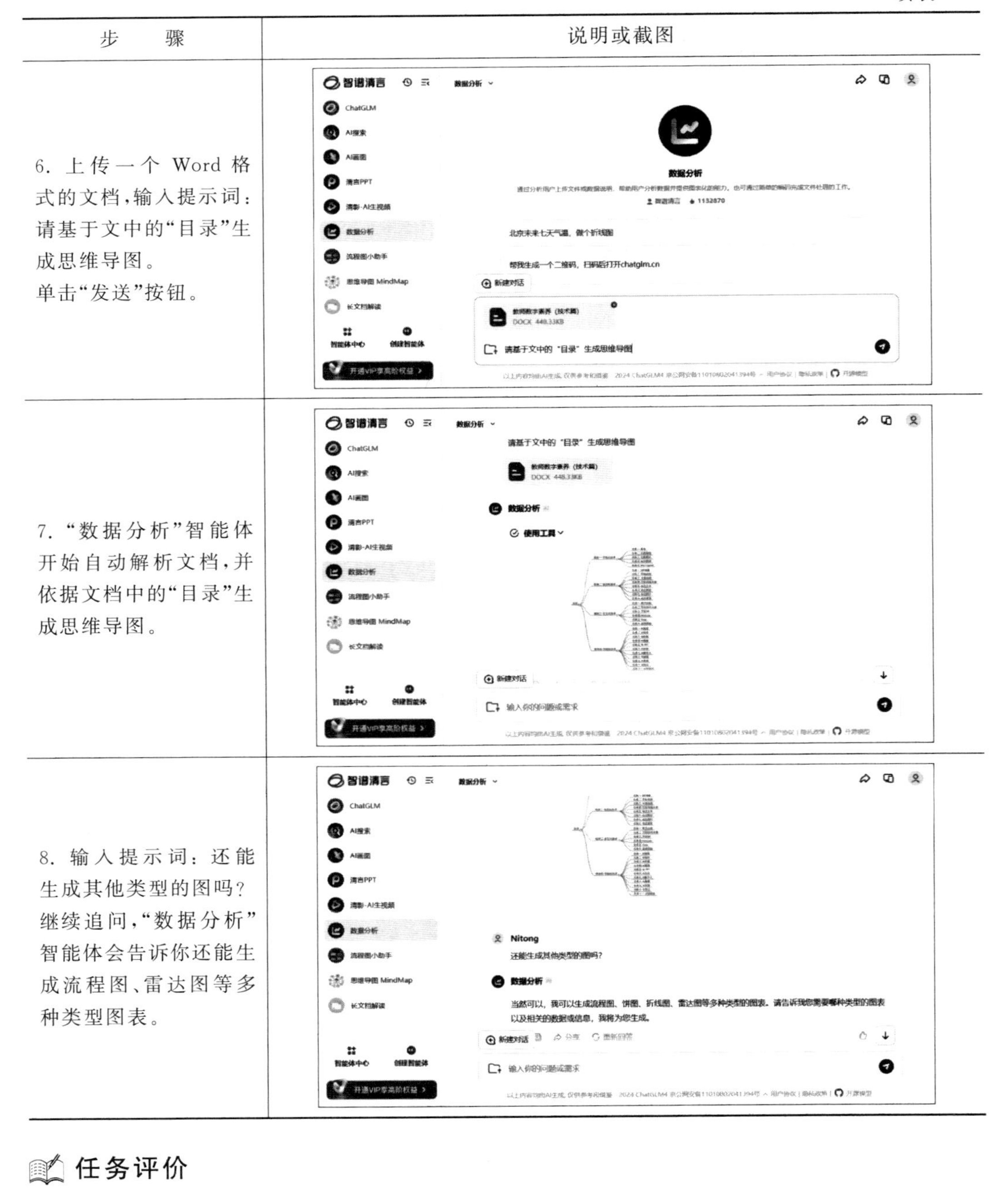

步　骤	说明或截图
6. 上传一个 Word 格式的文档，输入提示词：请基于文中的“目录”生成思维导图。 单击“发送”按钮。	
7. “数据分析”智能体开始自动解析文档，并依据文档中的“目录”生成思维导图。	
8. 输入提示词：还能生成其他类型的图吗？继续追问，“数据分析”智能体会告诉你还能生成流程图、雷达图等多种类型图表。	

任务评价

1. 自我评价

□ “豆包”→“数据分析”调用　　□ 上传文档及图片

□ 生成表格及图表　　□ “智谱清言”→“数据分析”调用

□ 指定文档中的内容生成思维导图　　□ 用“智谱清言”生成其他可视化表格

2. 教师评价

工作页完成情况：☐ 优 ☐ 良 ☐ 合格 ☐ 不合格

任务八 AI 数字人

班级：________姓名：________日期：________地点：________学习领域：AIGC

AI 数字人

任务目标

1. 会用“腾讯智影”→“数字人播报”制作数字人。
2. 会用文本驱动数字人播报。
3. 学会背景、字幕及音乐设置。
4. 会用“奇妙元一站式数字人制作”。
5. 会用语音驱动数字人播报并添加字幕。

任务导入

数字人技术是当下 AI 技术的一个重要应用领域，它能够创建出具有人类外观和行为特征的虚拟角色。数字人有望在未来满足更多元的场景需求，成为日常生活和工作中不可或缺的一部分。

任务准备

打开“腾讯智影”和“奇妙元一站式数字人制作”两个官网，总结 AI 数字人制作的多种方法。

任务实施

步　　骤	说明或截图
1. 打开“腾讯智影”网页 https://zenvideo.qq.com/，注册并登录。 单击“数字人播报”按钮，进入数字人定制工作界面。	腾讯智影　80,020 创作空间　在线素材　全网热点　精选作品　我的草稿　我的资源　我的发布　原创保护 我的存储 217.7M/3G 数字人播报　去创作　动态漫画　去创作　AI绘画　去创作 智能小工具 视频剪辑　文本配音　格式转换　动态漫画　智能抹除 文章转视频　数字人播报　字幕识别　智能抠像　数字人直 智能转比例　AI绘画　图像擦除　视频解说　视频审阅 智能画布 客服中心 海量腾讯视频版权素材　智能画布 ↓

续表

步　　骤	说明或截图
1.（续） 右图为数字人定制工作界面。	
2. 在左侧的“预置形象”中选定一个数字人。在右侧可对数字人服装、服装颜色和形状进行编辑。	
3. 单击步骤2中的“返回内容编辑”按钮，返回数字人编辑主界面。 输入一段文本，用于驱动播报。 单击“保存并生成播报”按钮，返回数字人编辑主界面。	

续表

步　　骤	说明或截图
4. 单击左侧的“背景”按钮，展开相应的功能面板。 选定一个“图片背景”，再将数字人图片适当缩小。 单击“返回内容编辑”按钮，返回数字人编辑主界面。	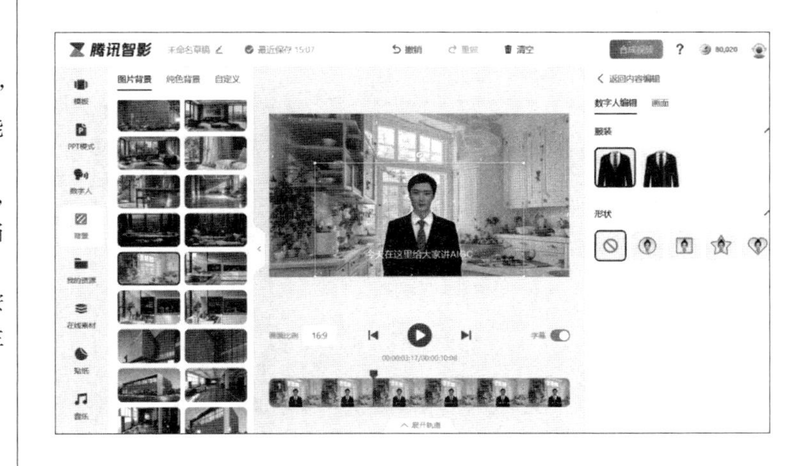
5. 单击“字幕样式”标签，应用一个“预设样式”。设定字体及描边粗细等，对字幕样式进行编辑。	
6. 单击左侧的“音乐”按钮，展开相应的功能面板，添加一个背景音乐。在右侧的“音频编辑”功能面板，对音量、淡入和淡出等属性进行编辑。 移动播放头至视频的末尾，切割并删除后面多余的部分。	

续表

步　　骤	说明或截图
7. 单击右上角的“合成视频”按钮，打开“合成设置”对话框。 输入名称等内容，再单击“确定”按钮，完成数字人视频制作，可以以MP4格式下载至本地。	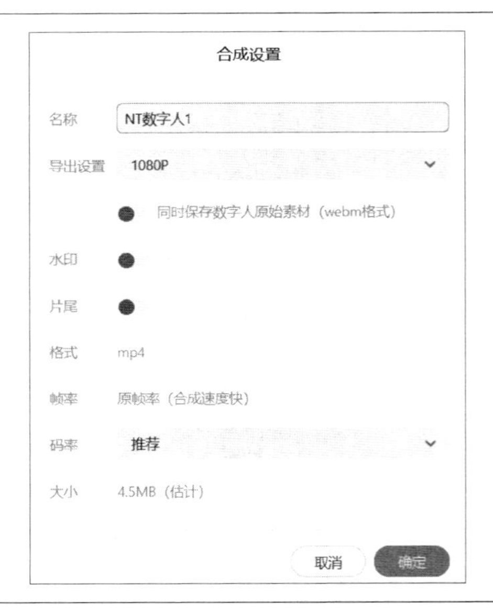
8. 打开“奇妙元”网页https://www.weta365.com/，注册并登录。 单击“数字人视频”按钮，进入数字人定制工作界面。	
9. 单击右上角“开始设计”按钮，展开相应的功能面板。 单击“新建叠层视频”按钮，进入“选择项目样式”对话框。	 ↓

续表

步　　骤	说明或截图
9.（续） 在横屏空白项目16：9版块下，单击“创建项目”按钮，进入数字人编辑界面。	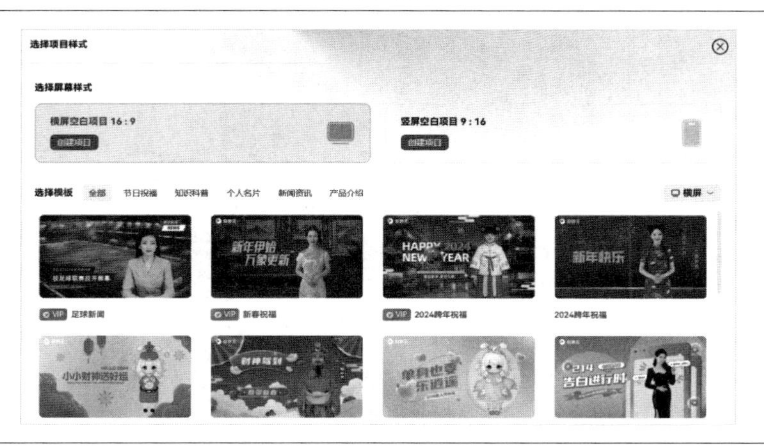
10. 选定一个预设的数字人，添加背景、插图、文字和背景音乐等元素。 单击“音频驱动”标签，上传一个WAV格式的音频文件。 最后单击右上角“合成视频”按钮，完成制作。	
11. 返回“奇妙元”主界面，在“我的成片”中可下载制作好的数字人视频。	

任务评价

1. 自我评价

□ “腾讯智影”→“数字人播报”调用　　　□ 数字人制作所包含的元素

☐ 使用文本驱动播报　　☐ “奇妙元一站式数字人制作”调用

☐ 使用语音驱动播报　　☐ 生成并下载数字人视频

2. 教师评价

工作页完成情况：☐ 优 ☐ 良 ☐ 合格 ☐ 不合格

任务九　AI　修　图

班级：________姓名：________日期：________地点：________学习领域：AIGC

AI 修图

任务目标

1. 会用“佐糖”→“AI 工具”进行修图。
2. 掌握“佐糖”→“图片编辑”功能。
3. 会用“佐糖”→“人像编辑”进行修图。
4. 会用“佐糖”对老照片进行修复。
5. 会用“佐糖”制作证件照。

任务导入

使用 AI 技术进行图片修复，事半功倍，无须专业的 PS 技术就能达到预期的效果。

任务准备

搜索并使用“文生图”得到一些供 AI 处理的图片素材。

任务实施

步　　骤	说明或截图
1. 打开佐糖网页 https://picwish.cn/create，注册并登录。 主界面上主要包括三个功能版块：AI 工具、图片编辑和人像编辑。	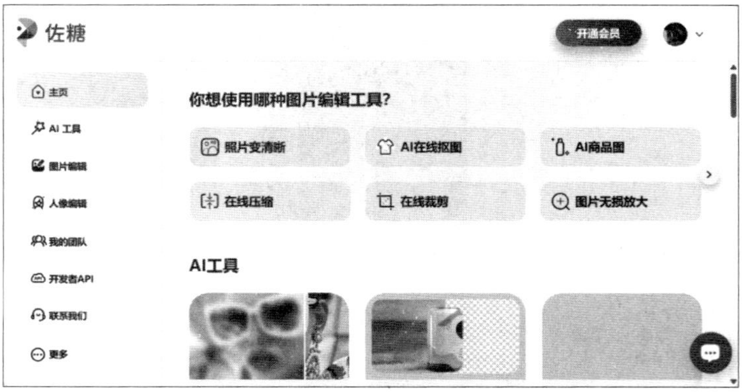

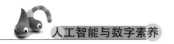

续表

<table>
<tr><th>步　　骤</th><th>说明或截图</th></tr>
<tr><td>2. 单击步骤 1 中的“AI 在线抠图”按钮，打开上传图片对话框。
从本地上传一张待抠取头发的图片，完成头发的自动抠取。
在右侧可对抠取的人像添加一个颜色背景。
处理的结果图片可以以 JPG 或 PNG 格式下载至本地。</td><td>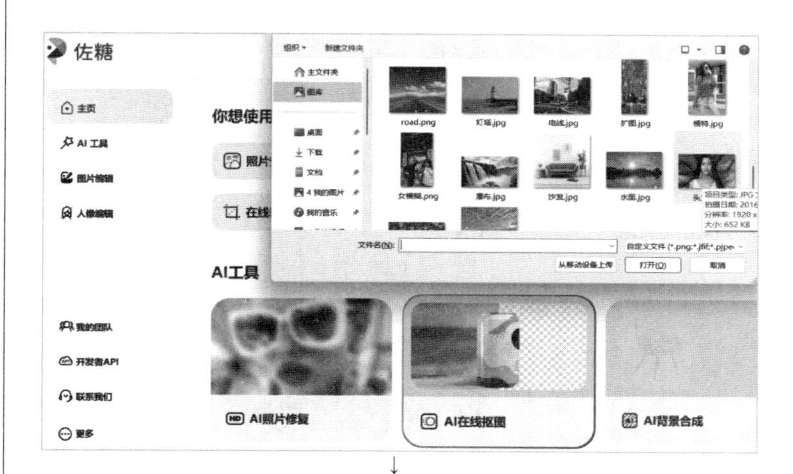

↓
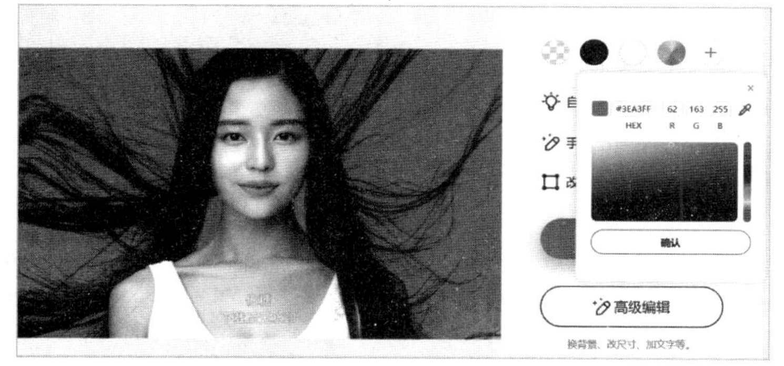
</td></tr>
<tr><td>3. 单击步骤 1 中的“AI 商品图”按钮，进入 AI 智能合成背景。
单击“立即体验”按钮，进入“AI 商品图”工作台。</td><td>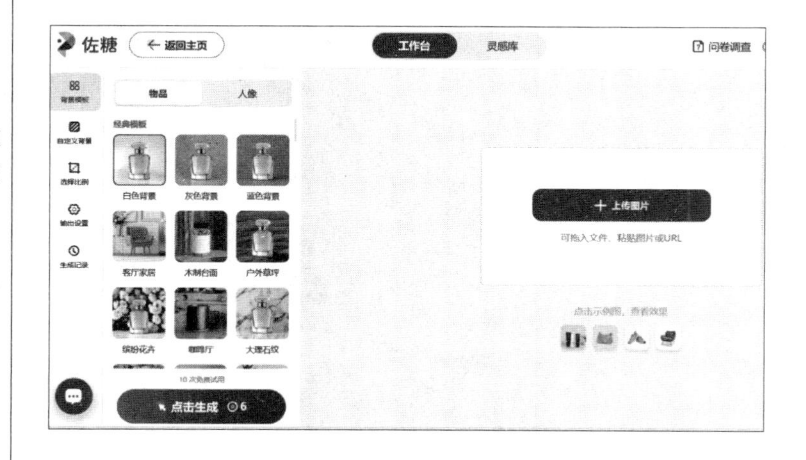
</td></tr>
</table>

续表

步　　骤	说明或截图
4. 在步骤 3 单击“上传图片”按钮，上传一张带背景的花棉袄图片，“佐糖”自动完成抠像操作。单击左侧的“自定义背景”按钮，在“AI 生成方案”标签下输入提示词：东北炕上花棉袄，窗外飘雪，冬日农村景象。单击“点击生成”按钮，完成“AI 商品图”合成。生成的图片可下载至本地，也可做进一步的编辑。	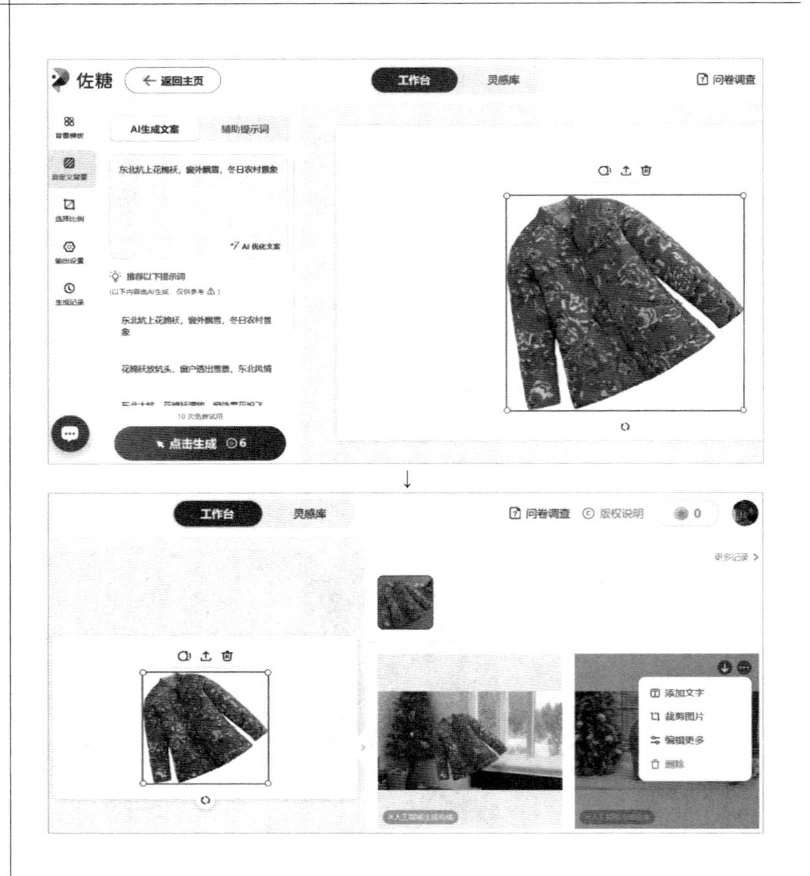 ↓
5. 在“人像编辑”版块，单击“黑白照片上色”按钮，打开上传照片对话框。	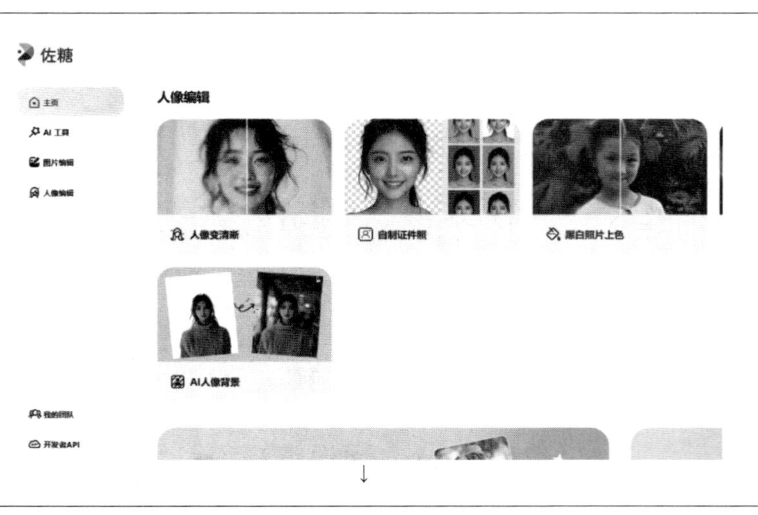 ↓

续表

步　骤	说明或截图
5.（续） 从本地上传一张待上色的黑白照片，“佐糖”将自动完成给黑白照片上色，同时还可打开“照片变清晰”开关，从而使照片看上去更清晰。	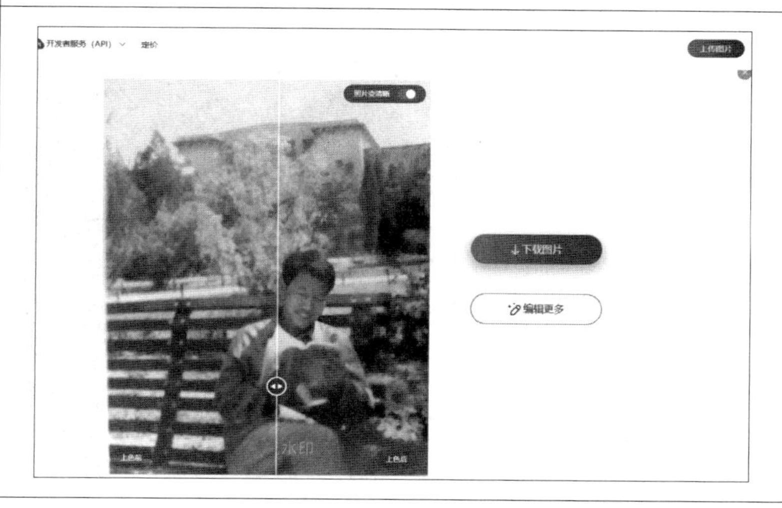
6. 在“人像编辑”版块，单击“自制证件照”按钮，进入护照、身份证等证件照制作界面。 选定一个证件照的尺寸和照片底色，单击“上传照片”按钮。 上传一张本人的照片。	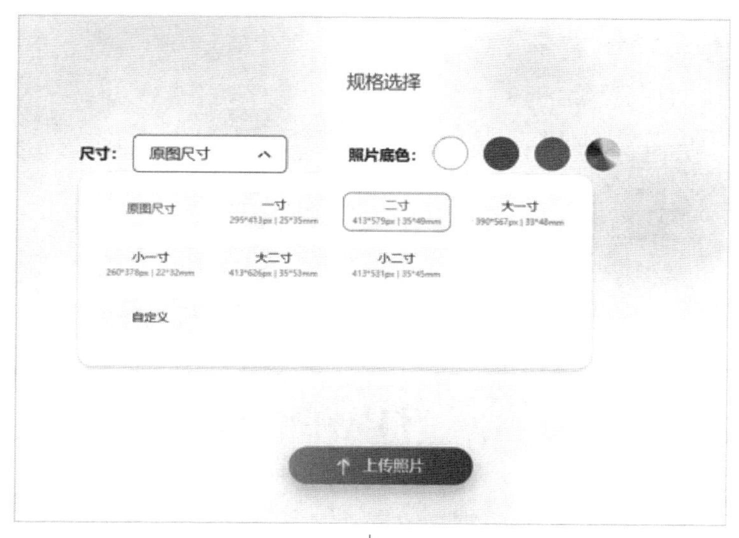 ↓ 

续表

步　　骤	说明或截图
7. “佐糖”将自动完成抠像、添加背景并依照设定的尺寸对照片进行裁剪，完成证件照的制作。	

任务评价

1. 自我评价

□ “佐糖”调用　　□ AI 在线抠图

□ 自定义背景提示词撰写　　□ AI 商品图合成

□ 黑白照片上色并变清晰　　□ 二寸证件照制作

2. 教师评价

工作页完成情况：□ 优 □ 良 □ 合格 □ 不合格

任务十　AI 音 频

班级：_________ 姓名：_________ 日期：_________ 地点：_________ 学习领域：AIGC

AI 音频

任务目标

1. 会用“海豚 AI”录制声音。
2. 会用“海豚 AI”进行声音复制。
3. 学会用“文心一言”生成人物对白。
4. 会用“录咖”→“智能匹配音色”。
5. 会用“录咖”→“多人配音”录制音频。

任务导入

使用 AI 技术制作音频文件，如文本与语音相互转换、复刻说话者的音色等，在娱乐和创意产业中有广泛的应用，在教育、客服甚至个人安全领域也展现出巨大的潜力，即使是普通用户，也能体验到声音复制（声音克隆）的魅力。

任务准备

打开海豚 AI 和录咖两个官网，梳理 AI 生成音频的多种方法。

任务实施

步　骤	说明或截图
1. 打开海豚 AI 网页 https://www.ttson.cn/，注册并登录。 在启动界面的左侧功能面板，包括有多人配音、声音复制和语音识别等功能按钮。	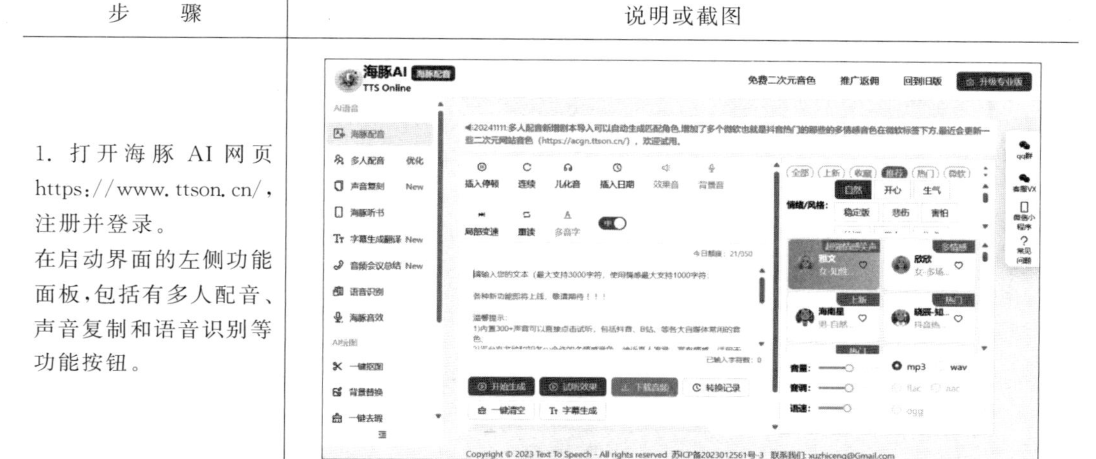
2. 在对话框中输入提示词：大家好，我是倪彤老师的 AI 助手，今天给大家讲“AI 音频”之海豚配音。 在右侧的功能面板选定一个预设的音色，单击“开始生成”按钮，完成音频生成，再单击“下载音频”按钮，可将生成的音频以 WAV 格式下载至本地。	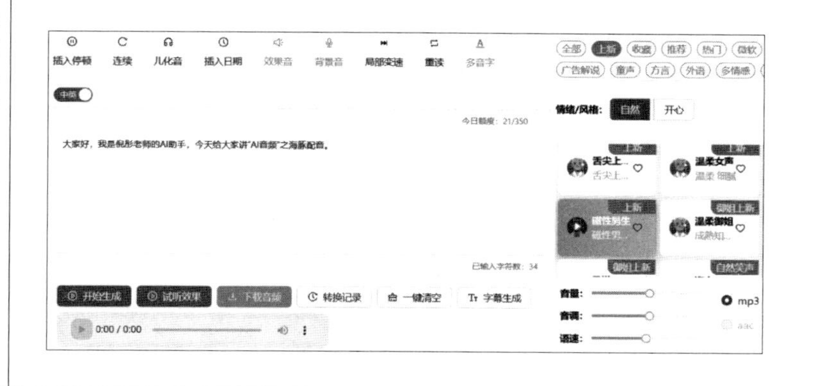
3. 单击步骤 1 中的“声音复制”按钮，进入声音复制（声音克隆）工作界面。	声音复刻：轻量级音色复刻方案，5S音频即可快速复刻,同时支持跨语种中文，英文，日文 语音录制　文件上传 录制中 00:18 / 00:20 ↓

续表

步　　骤	说明或截图
3.（续） 在“语音录制”标签下，单击“点击开始录音”按钮，可以通过麦克风录制一段自己的原声。 单击“下载”按钮，即可将生成的音频以 WAV 格式下载至本地。	
4．切换至“文件上传”标签，单击“点击或者拖拽到此处上传”按钮，上传一段原声，输入文本： 大家好，我是王小小，今天我要向尊敬的倪彤教授赠送一辆小米 SU7，以表彰他对 AI 教育做出的贡献。 单击“开始复制”按钮，开始声音克隆。单击“下载”按钮，可将生成的音频以 MP3 格式下载至本地。	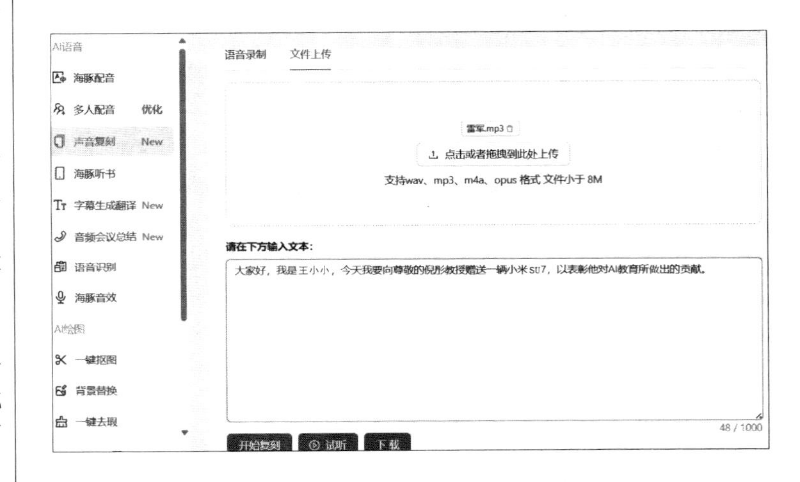
5．打开“文心一言”，输入以下提示词。 双人对白讲成语故事：悬梁刺股。 单击“发送”按钮，生成双人对白。	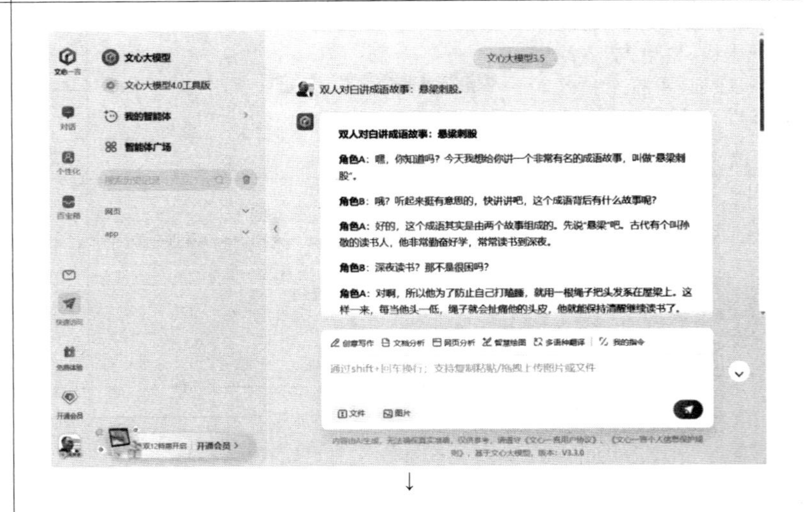 ↓

续表

<table>
<tr><th>步　　骤</th><th>说明或截图</th></tr>
<tr><td>5.（续）
单击“复制”按钮，复制生成的内容至剪贴板。新建一个记事本文件，命名为“悬梁刺股”，粘贴剪贴板上的文本，将其保存至本地。</td><td>
悬梁刺股.txt
文件　编辑　查看
角色A：嘿，你知道吗？今天我想给你讲一个非常有名的成语故事，叫做“悬梁刺股”。
角色B：哦？听起来挺有意思的，快讲讲吧，这个成语背后有什么故事呢？
角色A：好的，这个成语其实是由两个故事组成的。先说“悬梁”吧。古代有个叫孙敬的读书人，他非常勤奋好学，常常读书到深夜。
角色B：深夜读书？那不是很困吗？
角色A：对啊，所以他为了防止自己打瞌睡，就用一根绳子把头发系在屋梁上。这样一来，每当他头一低，绳子就会扯痛他的头皮，他就能保持清醒继续读书了。
角色B：哇，这方法可真够狠的，但也是真的有效啊！那“刺股”呢？
角色A：“刺股”说的是另一个故事，主角叫苏秦。苏秦也是战国时期的一个著名纵横家，他年轻时为了求得学问和功名，也是刻苦读书。
角色B：那苏秦又是怎么做的呢？
角色A：苏秦的做法更绝。他每当读书读到疲倦、眼睛睁不开的时候，就用锥子刺自己的大腿，让自己感到疼痛，从而振作起来继续学习。
角色B：这……这也太拼了吧！那后来他们怎么样了呢？
角色A：后来啊，孙敬因为勤学苦读，终于成为了一位大学问家，他的事迹也被后人传颂。而苏秦呢，通过不懈的努力，也成功游说了六国合纵抗秦，成为了一代名相。
角色B：真是厉害啊！这两个故事都告诉我们，要想成功就必须付出努力，对吧？
角色A：没错，这就是“悬梁刺股”这个成语想要传达的精神——勤奋刻苦，不畏艰难，勇往直前。
角色B：嗯，这个故事真是激励人心。我也要向他们学习，以后遇到困难的时候，就想想这两个故事，给自己加油打气！
角色A：对呀，只要我们有决心、有毅力，就一定能战胜困难，实现自己的目标！</td></tr>
<tr><td>6. 打开录咖网页 https://reccloud.cn/start，注册并登录。
单击“AI 文字转语音”按钮，进入“单人配音/多人配音”工作界面。</td><td>
</td></tr>
</table>

续表

步　　骤	说明或截图
7. 切换至“多人配音”标签，单击“上传 TXT”按钮，上传之前的文本文件。	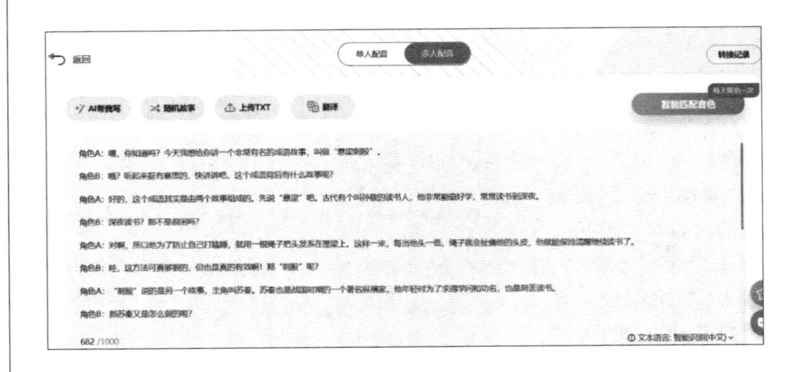
8. 单击步骤 7 中的“智能匹配音色”按钮，进入 AI 智能配音，还可选择一个背景音乐。	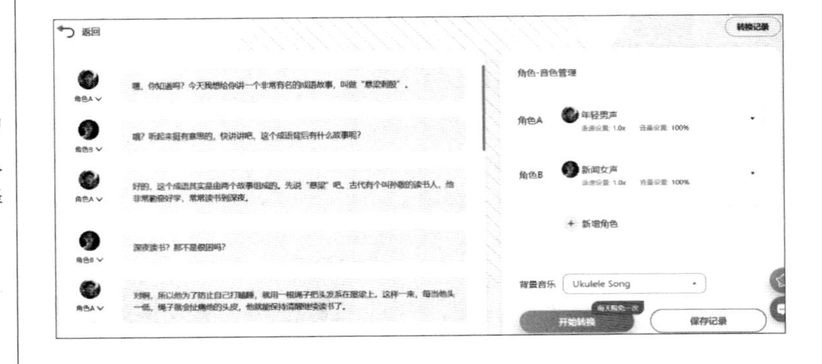
9. 单击步骤 8 中的“开始转换”按钮，生成 AI 多人配音。 生成的结果可以以 MP3 音频文件格式下载至本地。	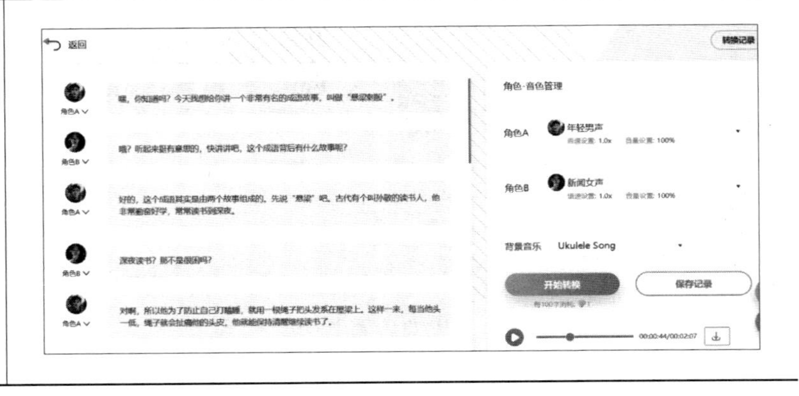

任务评价

1. 自我评价

☐ “海豚 AI”调用　　☐ “录咖”调用

☐ 录制声音　　☐ 克隆声音

☐ 制作多人对白　　☐ 单人/多人文本转音频

2．教师评价

工作页完成情况：□ 优 □ 良 □ 合格 □ 不合格

任务十一　AI 笔　记

班级：________ 姓名：________ 日期：________ 地点：________ 学习领域：AIGC

AI 笔记

任务目标

1．掌握 ima・copilot 进行多模态搜索的方法。

2．会用 ima・copilot 进行文档解读。

3．会用 ima・copilot 进行截图问答。

4．掌握 ima・copilot 绘制思维导图（脑图）的方法。

5．会用 ima・copilot 搜、读、写、画一体化操作。

任务导入

腾讯 AI 笔记工具能将微信公众号优质内容变成会思考的知识库，开启搜、读、写、画新体验。其 AI 搜索支持多模态，可通过附件上传图片或者附带的截图功能对任意图片进行提问。

任务准备

打开 ima・copilot（简称 ima）官网，明确解读的文档类型，掌握截图问答的基本方法。

任务实施

步　　骤	说明或截图
1．安装 ima・copilot 客户端，启动、注册并登录，进入 ima・copilot 的界面。	首页 知识库 ima copilot

续表

<table>
<tr><th>步　　骤</th><th>说明或截图</th></tr>
<tr><td>2. 在对话框中输入提示词：进入 2024.12，腾讯在 AI 应用方面都推出了哪些新产品？
按 Enter 键，ima 会基于全网归纳总结，回答提问。
单击右上角“加入 ima 知识库”按钮，可将其搜索结果加入 ima 知识库。</td><td>
</td></tr>
<tr><td>3. 单击输入对话框右侧的倒三角箭头，出现“隐藏当前窗口截图”按钮，单击该按钮，将隐藏 ima 操作界面，这样可以更方便地对屏幕进行截图并自动上传至 ima 的输入对话框。</td><td>
</td></tr>
</table>

续表

<table>
<tr><th>步　　骤</th><th>说明或截图</th></tr>
<tr><td>3.（续）
屏幕截图。</td><td></td></tr>
<tr><td>4. 单击“解读图片”按钮，ima 将准确地解读出图片所包含的文字信息。</td><td>

↓
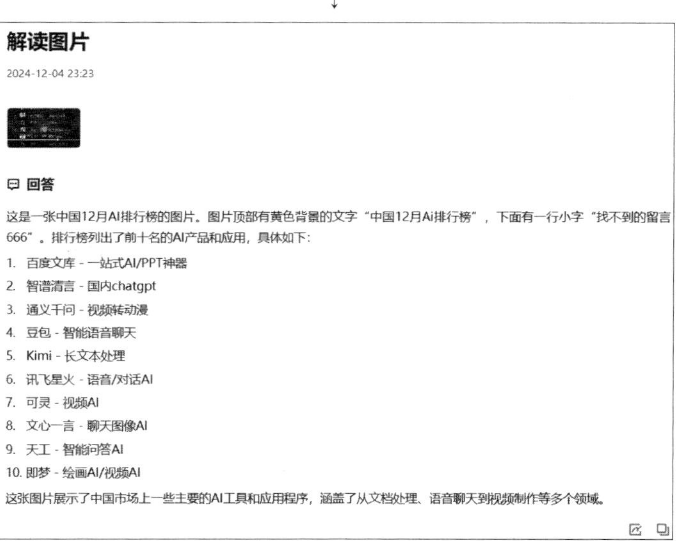

</td></tr>
</table>

续表

<table>
<tr><th>步　　骤</th><th>说明或截图</th></tr>
<tr><td>5. 继续在对话框中输入提示词：将上述内容绘制成脑图。
完成结果如右图所示。
单击右下方的“记笔记”按钮，展示折叠面板。
选择“新建笔记”命令，将其保存至“笔记”。</td><td>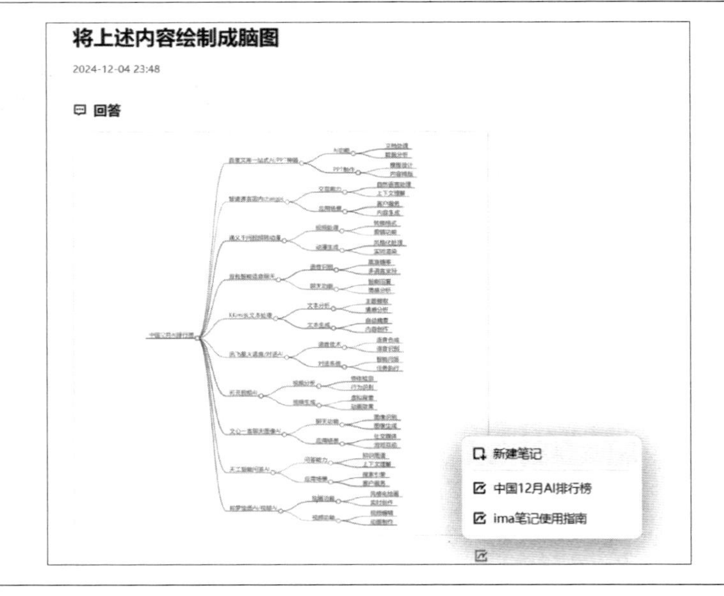
</td></tr>
<tr><td>6. 在对话框中输入提示词：加强中小学人工智能教育。
ima 会基于全网归纳总结，回答提问。
单击右上角“加入 ima 知识库”按钮，可将其搜索结果加入 ima 知识库。
返回 ima 主界面，单击“智能写作”按钮，打开相应的对话框。
上传知识库中刚生成的笔记，在对话框中输入提示词：拟定一个主题为“加强职业院校人工智能教育”一天培训内容，培训内容尽可能详细，只要内容，不要日程安排。
再按 Enter 键。</td><td>

↓

</td></tr>
</table>

续表

步　　骤	说明或截图
7. 步骤 6 操作的结果将生成一个笔记。 在“笔记”版块中，右击刚生成的笔记，在弹出的菜单中选择“保存到知识库”命令，将选定的笔记入库。	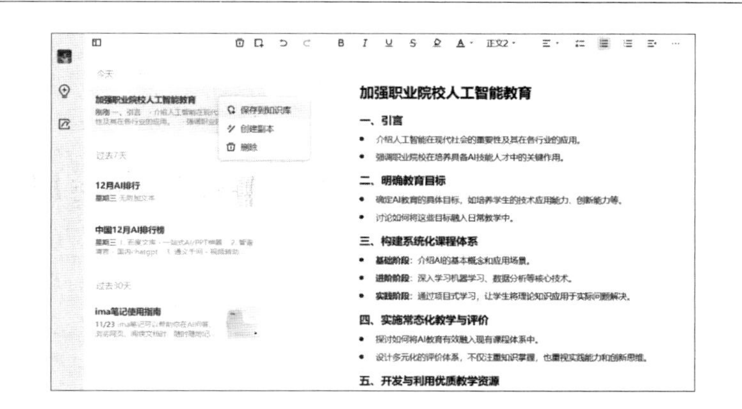
8. 上传知识库中刚生成的笔记，输入提示词“生成脑图”。	
9. 单击步骤 8 中的“生成脑图”按钮，可在线生成一个思维导图并可复制到剪贴板。	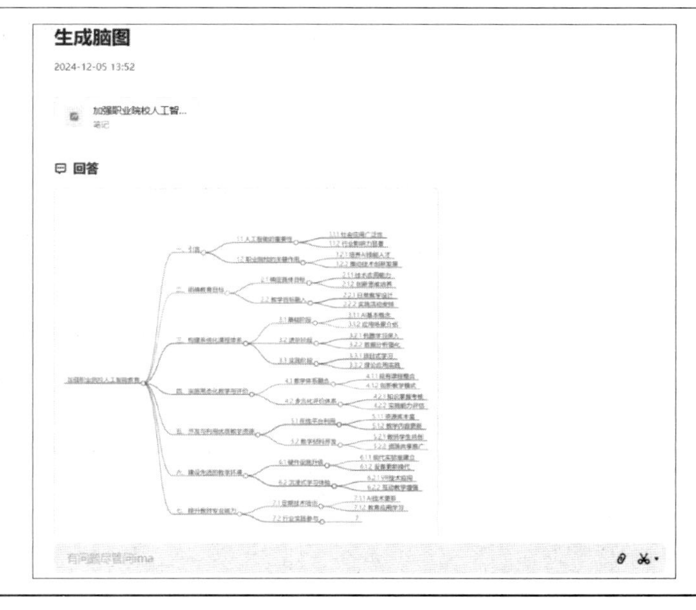

任务评价

1. 自我评价

□ ima · copilot 的调用　　　　□ 多模态 AI 搜索

☐ “文档解读”的调用　　　　☐ “智能写作”的调用

☐ 笔记入库生成脑图　　　　☐ 复制并下载生成的脑图

2. 教师评价

工作页完成情况：☐ 优 ☐ 良 ☐ 合格 ☐ 不合格

任务十二　AI 综合运用

班级：________姓名：________日期：________地点：________学习领域：AIGC

AI 综合运用

任务目标

1. 使用“文心一言”创建并下载分镜脚本。
2. 会用“奇域”生成多场景图片。
3. 会用“剪映”给多人配音。
4. 会用“剪映”设置转场、动画。
5. 使用“剪映”合成并导出视频。

任务导入

使用 AI 技术制作儿童绘本类的短视频，重点在于梳理清晰的工作流程：脚本→场景→语音→视频。

任务准备

打开“文心一言”“奇域”和“剪映”三个网页，对多个 AI 生成的短视频素材进行分类存储。

任务实施

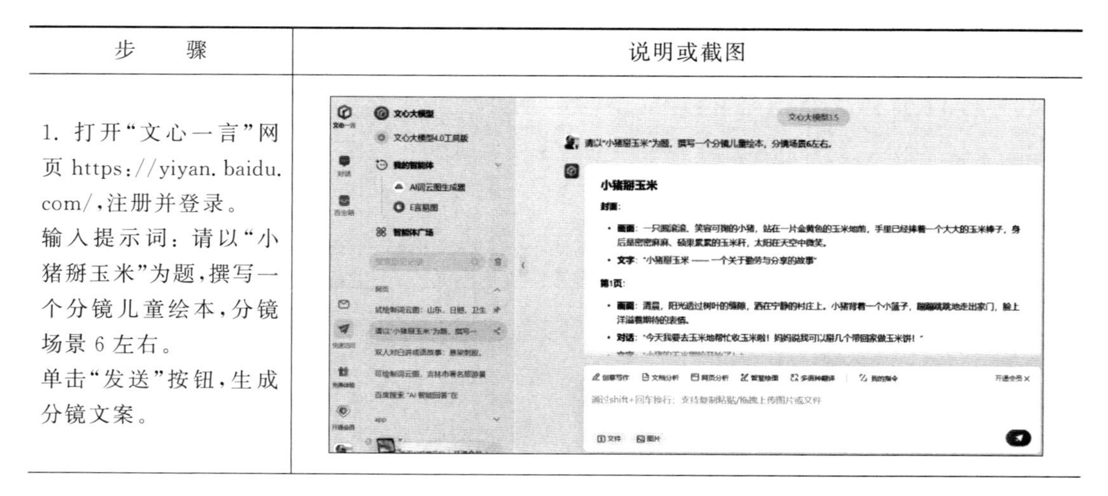

步　　骤	说明或截图
1. 打开“文心一言”网页 https://yiyan.baidu.com/，注册并登录。 输入提示词：请以“小猪掰玉米”为题，撰写一个分镜儿童绘本，分镜场景 6 左右。 单击“发送”按钮，生成分镜文案。	（截图）

续表

步　　骤	说明或截图
2. 鼠标指向“下载”链接，选择“下载到本地”命令，可将“文心一言”生成的儿童绘本以Word文档格式下载至本地。	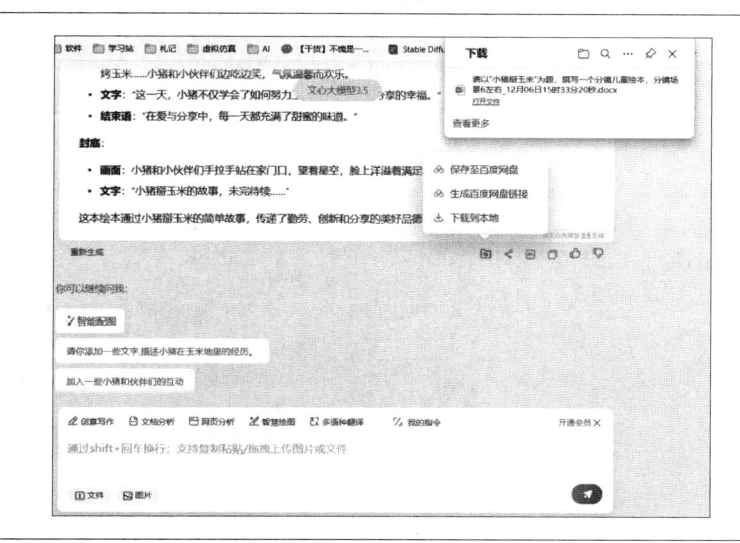
3. 打开“奇域”网页https://www.qiyuai.net/，注册并登录。 单击“创作宝典”按钮，出现独家风格和我的词典两个标签，在“参考图推荐风格”项可选定一个风格，如“卡通插画”，将其插入“咒语”输入框。	
4. 打开儿童绘本文档，选中封面页的文本，将其复制、粘贴至咒语框，单击“生成”按钮。	**小猪掰玉米** **封面**： • **画面**：一只圆滚滚、笑容可掬的小猪，站在一片金黄色的玉米地前，手里已经捧着一个大大的玉米棒子，身后是密密麻麻、硕果累累的玉米秆，太阳在天空中微笑。 • **文字**：“小猪掰玉米——一个关于勤劳与分享的故事” **第1页**： • **画面**：清晨，阳光透过树叶的缝隙，洒在宁静的村庄上。小猪背着一个小篮子，蹦蹦跳跳地走出家门，脸上洋溢着期待的表情。 • **对话**：“今天我要去玉米地帮忙收玉米啦！妈妈说我可以掰几个带回家做玉米饼！” • **文字**：“小猪的玉米冒险开始了！” **第2页**： • **画面**：小猪来到玉米地边，看着高高的玉米秆和沉甸甸的玉米棒子，显得有些犹豫。它试着跳起来够到一个玉米，但失败了，摔倒在地，却笑得十分开心。 ↓

续表

步　　骤	说明或截图
4.（续） 默认出图四张，选择其中之一，下载备用。	
5. 单击步骤 4 中的“风格延展”按钮，继续输入相应脚本描述生成图片。 默认出图四张，选择其中之一，下载备用。 注：可通过编辑“咒语”对生成的图片进行调整。	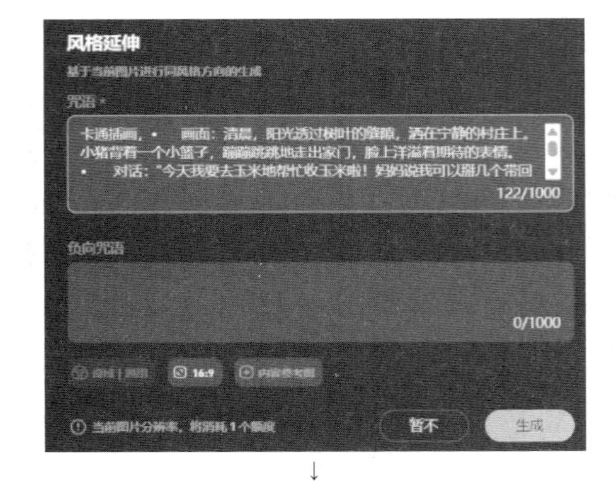 ↓ 

续表

步　骤	说明或截图
6. 单击步骤5中的“风格延展”按钮，继续输入相应脚本描述生成图片。 默认出图四张，选择其中之一，下载备用。 以此类推，不再赘述。	
7. 启动“剪映”PC版，导入用“奇域”所制作的四张图片素材。 将四张图片素材顺序排列于时间轴轨道，准备设置转场、动画效果。	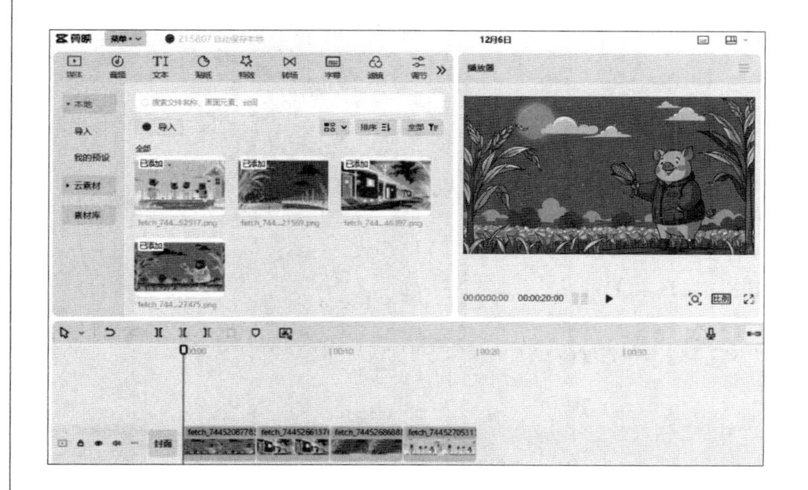
8. 单击上方的“转场”标签，在两个图片之间添加“叠化”效果。 单击“应用全部”按钮，这样在两两图片之间都添加上了同样的“叠化”效果。	

续表

步　　骤	说明或截图
9. 选中一个图片素材，单击右侧的“动画”标签，添加一个动画效果，再调整一下动画时长。 使用组合键 Ctrl+Shift+C、Ctrl + Shift + V，对其他三张图片添加相同的动画效果。	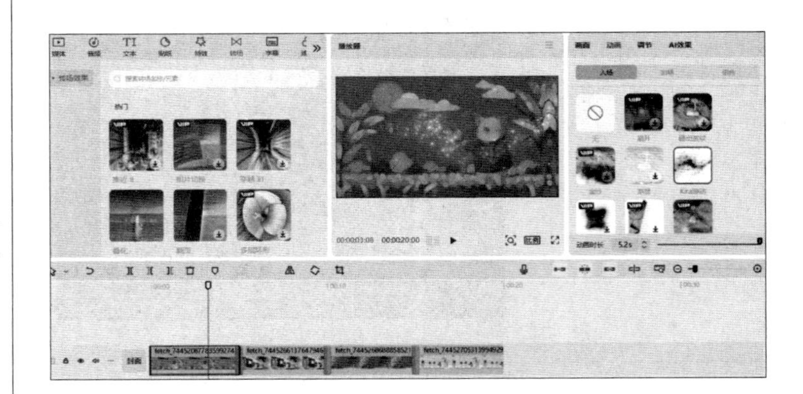
10. 单击上方的“文本”标签，从儿童绘本中添加一行文本。 选中文本，在右侧的功能面板设置文本的属性，如字体、字号和颜色等。	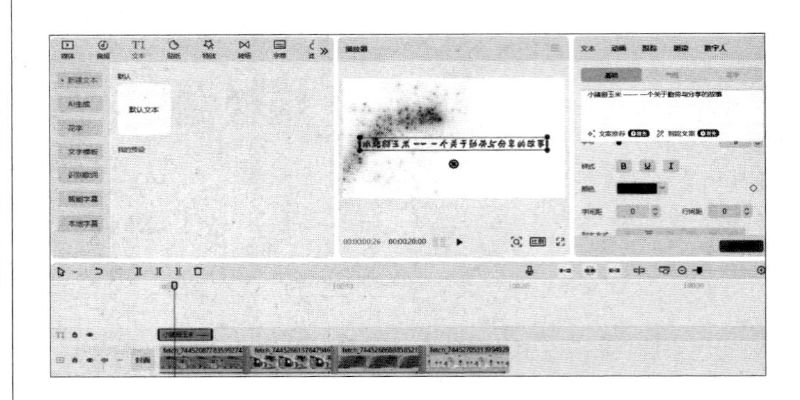
11. 继续选中文本，单击右侧功能面板的“朗读”标签，选定一个音色，再单击“开始朗读”按钮，添加一段声音至轨道。	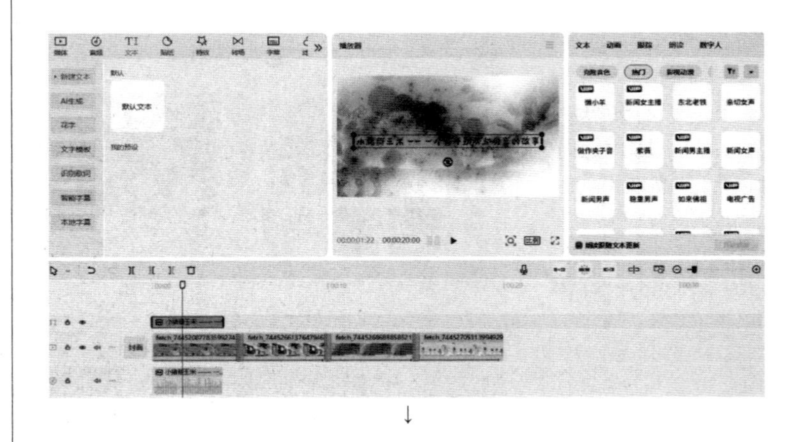 ↓

续表

步　　骤	说明或截图
11.（续） 使用同样的方法，给每张图片添加字幕和声音。	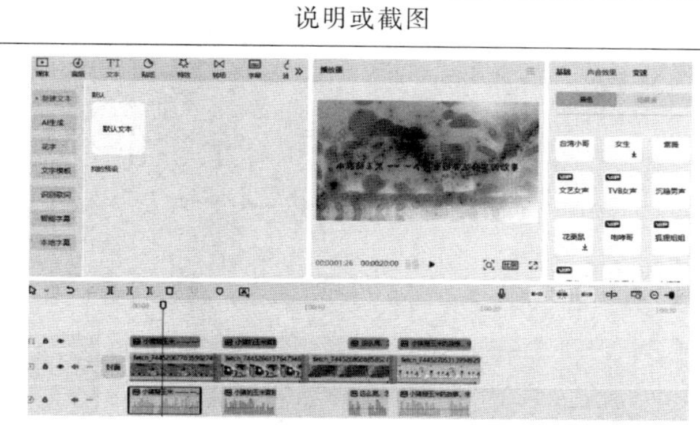
12. 单击上方的“音频”标签，展开相应的功能面板，从“音乐素材”中添加一段背景音乐，分割其时长与画面相同。 在右侧的功能面板可对音量、淡入时长、淡出时长进行设置。	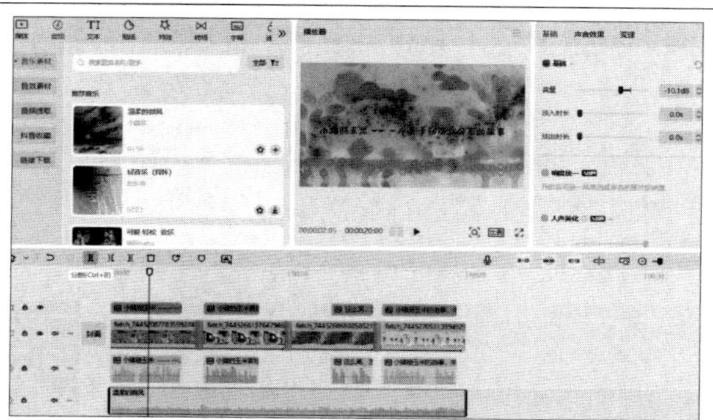
13. 单击右上方的“导出”按钮，打开相应的功能面板。 设置好导出的标题、位置及分辨率等参数，再单击“导出”按钮，即可将视频文件以 MP4 格式进行输出。	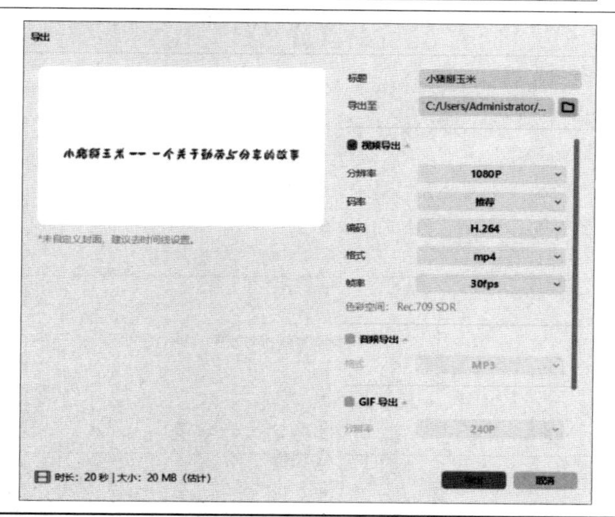

任务评价

1. 自我评价

- ☐ “剪映”转场、动画设置
- ☐ 文本字幕格式设置
- ☐ 复制/粘贴属性操作
- ☐ 文本“朗读”
- ☐ 添加背景音乐
- ☐ “剪映”导出视频

2. 教师评价

工作页完成情况：□ 优 □ 良 □ 合格 □ 不合格

任务十三　元宇宙智慧教学

班级：________ 姓名：________ 日期：________ 地点：________ 学习领域：AIGC

元宇宙
智慧教学

任务目标

1. 会安装并调试“gkk 元宇宙”智慧教学客户端。
2. 能在“体验专区”下载相关的教学资源并体验元宇宙教学。
3. 能自选元宇宙展厅(场景)。
4. 能使用本地图片、视频等素材。
5. 能添加模型并对其进行二次编辑。
6. 能添加数字人并设定语音播报。

任务导入

元宇宙是指一个与现实世界平行的虚拟空间，它集成了 VR、AR、区块链、AI 等前沿技术，是一个可以进行社交、娱乐、教育、商业等活动的虚拟三维空间。

任务准备

安装“gkk 元宇宙”客户端并注册、登录，体验元宇宙的沉浸、互动、开放和多样等诸多特性。

任务实施

步　　骤	说明或截图
1. 运行“gkk 元宇宙”客户端，进入 AI 多数字人元宇宙智慧教育主界面。 在“个人中心”进行注册、登录，进入使用状态。	

续表

<table>
<tr><th>步　　骤</th><th>说明或截图</th></tr>
<tr><td>2. 单击“体验专区”按钮，展开“云端内容”面板。
单击“思政内容(示例)”按钮，展开相应的功能面板，单击“红船精神”按钮，下载相关资源至本地。</td><td>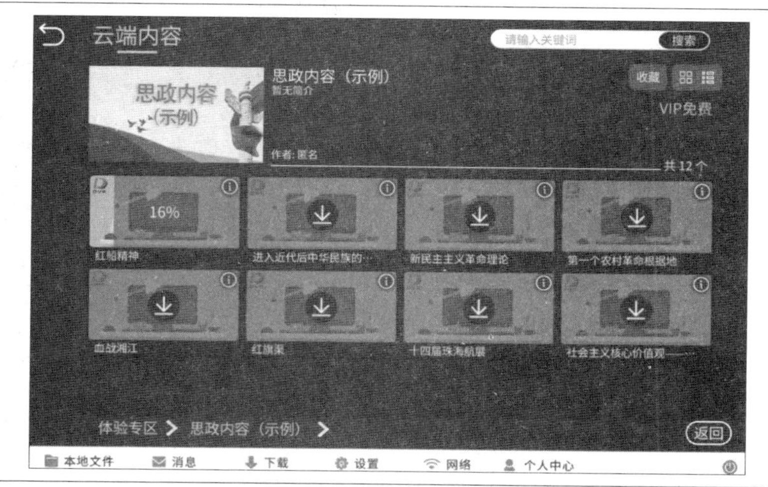
</td></tr>
<tr><td>3. 单击“红船精神”按钮，还可进入讲述“红船精神”的虚拟展厅。
此处包括虚拟数字人讲解、整个展厅的指示图、检测习题等。</td><td>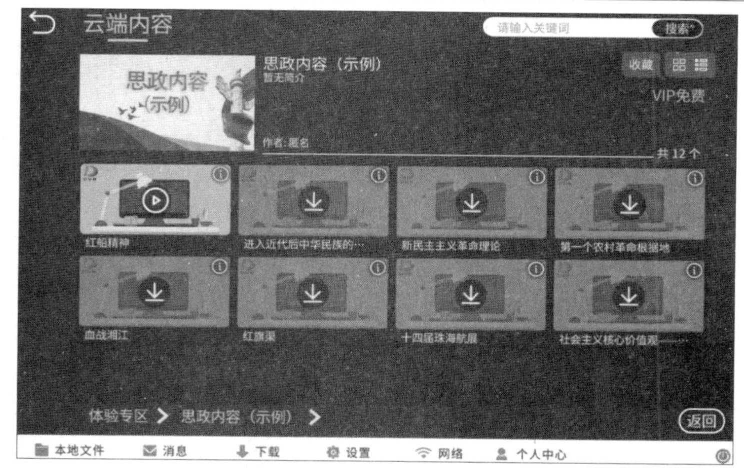

↓

</td></tr>
</table>

续表

<table>
<tr><th>步　　骤</th><th>说明或截图</th></tr>
<tr><td>4. 可使用浮动工具栏上的功能按钮进行展厅浏览并听解说，也可使用鼠标操作进行 VR 全景漫游和互动，操作十分简便。</td><td>
</td></tr>
<tr><td>5. 返回“gkk 元宇宙”主界面，单击“内容创作”按钮，进入相应的功能面板。</td><td>
</td></tr>
<tr><td>6. 在步骤 5 中选定一个预设的展厅，单击“下载”按钮，下载场景至本地。
单击“开始制作”按钮，进入选定的虚拟展厅。
单击右侧的“第三人称”按钮，可清晰地看到整个场景以及各处的“添加素材”链接。</td><td>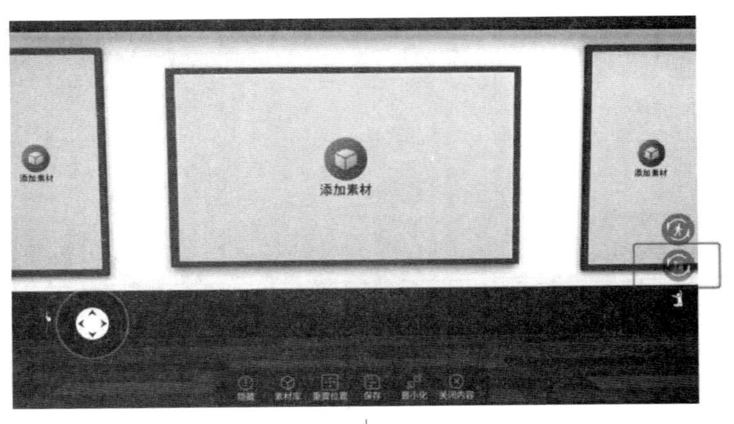

↓</td></tr>
</table>

续表

步　　骤	说明或截图
6.（续） 整个场景以及各处的“添加素材”链接。	
7. 单击“添加素材”链接，可从云端素材库或本地添加 PDF 文档、JPG、PNG 格式图片或 MP4 格式的视频文件。	
8. 单击浮动工具栏上的“素材库”按钮，从“云端”插入一个“公鹿”模型。	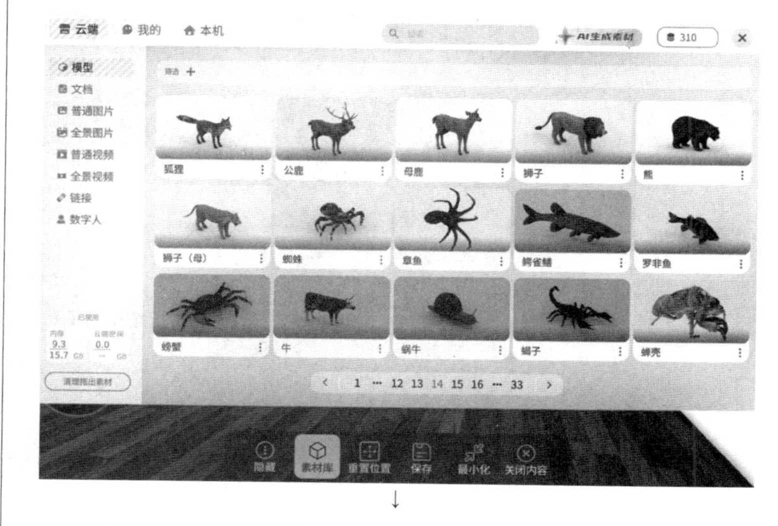 ↓

续表

步　　骤	说明或截图
8.（续） 单击“蓝点”控制按钮，可对“公鹿”模型的位置、缩放和旋转等三维属性进行编辑。	
9. 单击“工具”→“模型旋转”按钮，可自定义模型的悬浮时间、旋转速度和悬浮高度。	 ↓ 

续表

步　　骤	说明或截图
10. 继续从素材库的云端插入一个“数字人”，调整其尺寸及站位等与画面相适应。	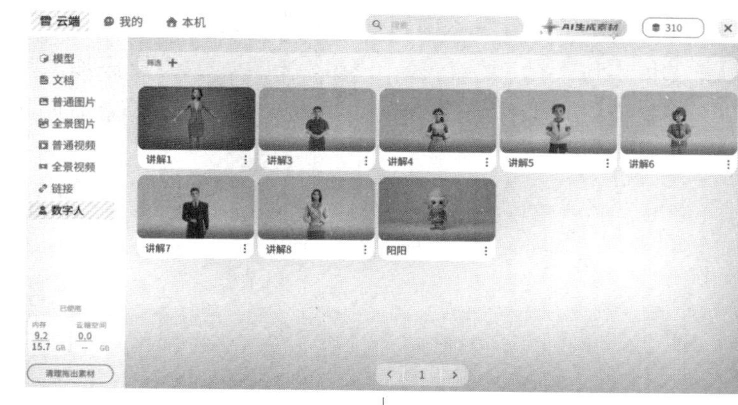 ↓ 
11. 单击“播报”按钮，展开“播报”设定功能面板。 单击“文本/语音”按钮，输入一段语音后单击“提交”按钮，完成声音播报转换。 可用两种形式触发语音播报：点击触发、靠近触发。 单击“保存”按钮，完成元宇宙智慧教学整体设置。	

任务评价

1. 自我评价

□ “gkk 元宇宙”智慧教学软件安装及调试

□ 自选元宇宙场景

□ 上传本地素材

□ 添加图片、视频等素材

□ 添加模型并进行二次开发

□ 添加数字人进行语音播报

2. 教师评价

工作页完成情况：□ 优 □ 良 □ 合格 □ 不合格

模块二结构图

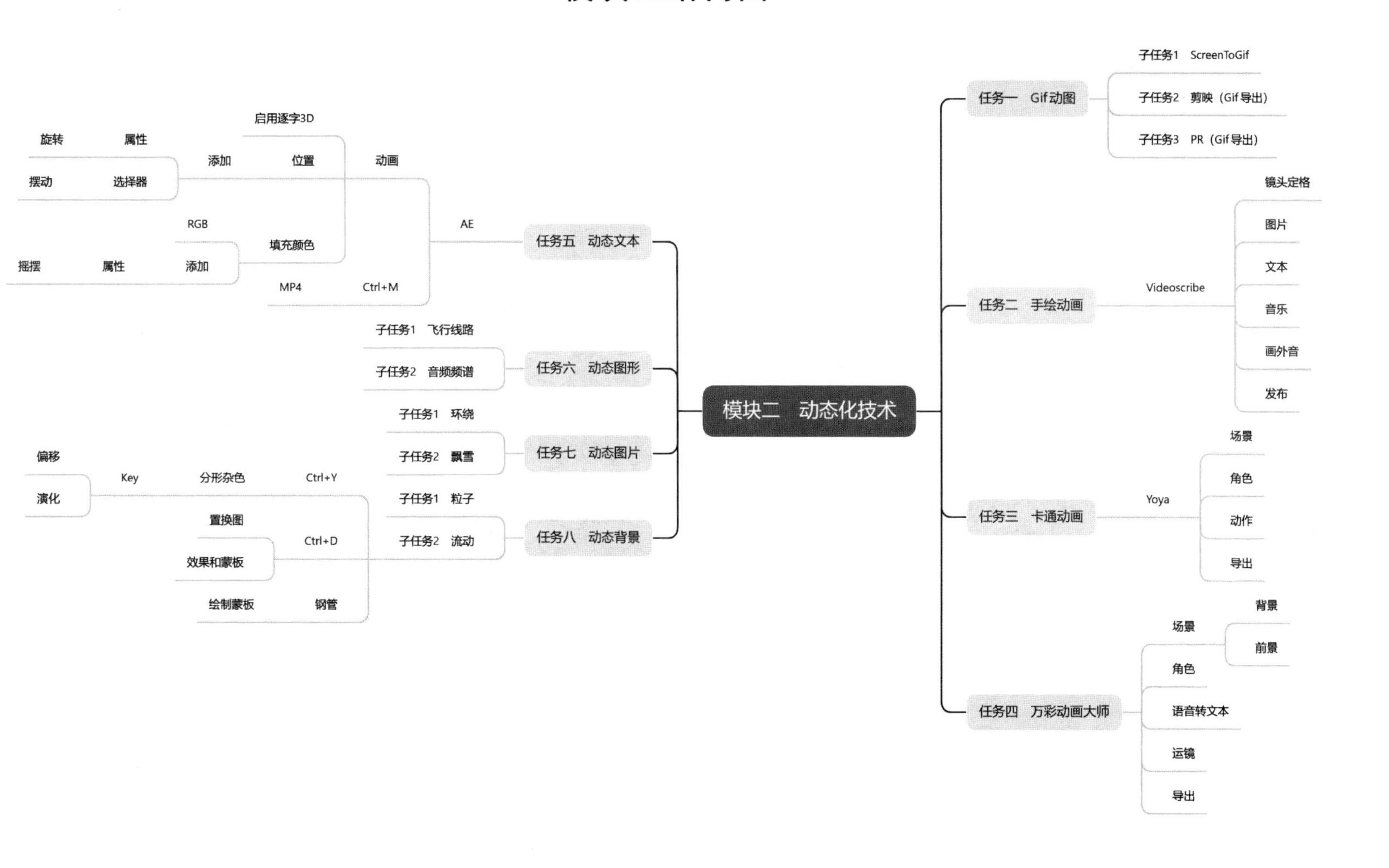

模块二　动态化技术
任务一　Gif动图
子任务1　ScreenToGif
子任务2　剪映（Gif导出）
子任务3　PR（Gif导出）
任务二　手绘动画
Videoscribe
镜头定格
图片
文本
音乐
画外音
发布
任务三　卡通动画
Yoya
场景
角色
动作
导出
任务四　万彩动画大师
场景
背景
前景
角色
语音转文本
运镜
导出
任务五　动态文本
AE
动画
启用逐字3D
位置
添加
属性
旋转
选择器
摆动
填充颜色
RGB
添加
属性
摇摆
Ctrl+M
MP4
任务六　动态图形
子任务1　飞行线路
子任务2　音频频谱
任务七　动态图片
子任务1　环绕
子任务2　飘雪
任务八　动态背景
子任务1　粒子
子任务2　流动
Ctrl+Y
分形杂色
Key
偏移
演化
Ctrl+D
置换图
效果和蒙板
钢管
绘制蒙板

模块二 动态化技术

任务一 Gif 动图

子任务 1 ScreenToGif

班级：________姓名：________日期：________地点：________学习领域：动图制作

任务目标

1. 进一步熟悉 QQ 功能面板。
2. 在 QQ 对话中录制视频文件。
3. 掌握 ScreenToGif 软件的操作。
4. 能输出 Gif 动图。

任务导入

Gif 动图以其体积小、应用面宽，在教学课件及其他教学资源中随处可见。

任务准备

1. 视频素材。
2. 安装 QQ 软件。
3. 准备 ScreenToGif 软件。

任务实施

步　　骤	说明或截图
1. 启动 QQ，核验一下录屏组合键 Ctrl+Alt+R。	QQ9 QQ邮箱提醒 StartAI PS插件交... 清华大学出版... 我的手机 胡正阳 录屏 Ctrl + Alt + R 截图时隐藏当前窗口

续表

步　　骤	说明或截图
2. 播放一个视频文件，按组合键 Ctrl+Alt+R 打开录屏工具栏，单击“开始录制”按钮，开始录屏操作。	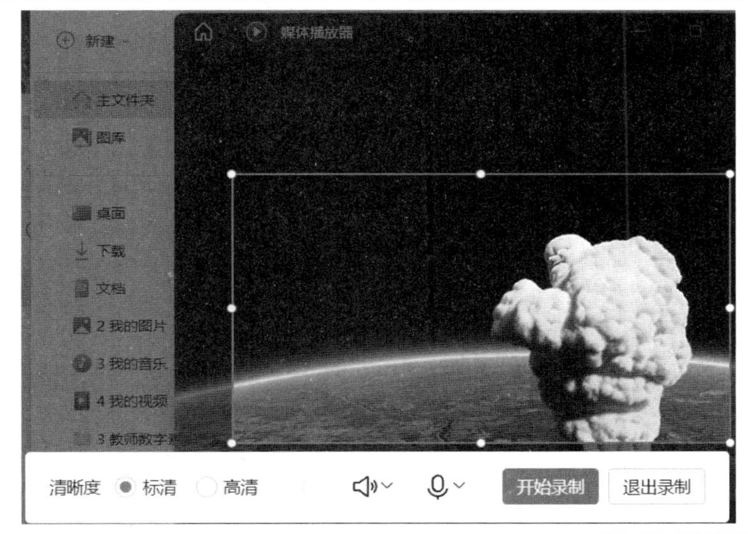
3. 单击“结束录制”按钮，退出屏幕录制，再单击“录屏另存为”按钮，可将录屏结果保存为 MP4 格式的视频文件。	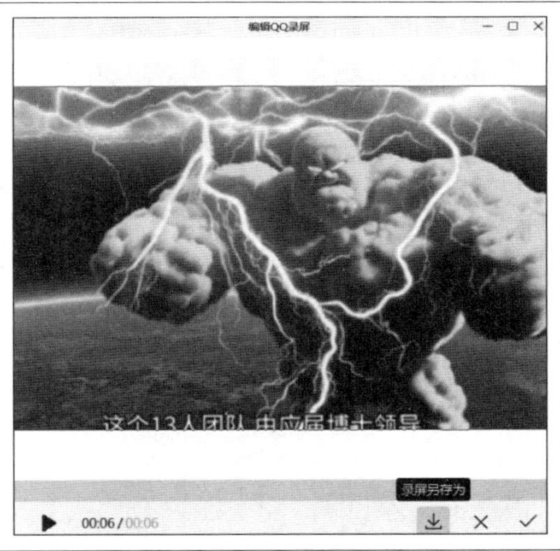
4. 在媒体播放器中打开一个视频文件，调整播放画布大小。 同时启动 ScreenToGif 软件。	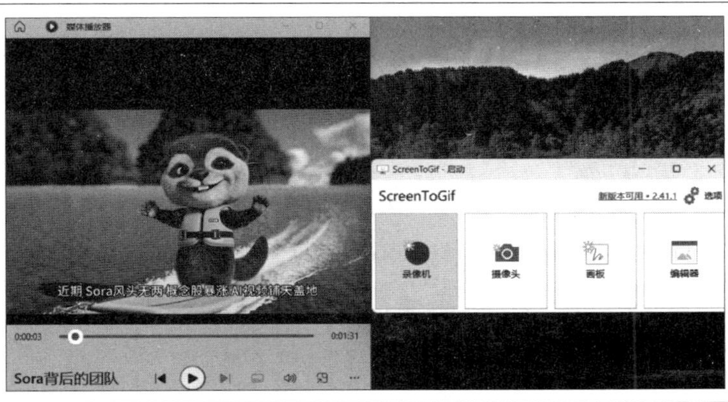

续表

步　骤	说明或截图
5. 单击步骤4中的“录像机”按钮并调整录制的画布大小。	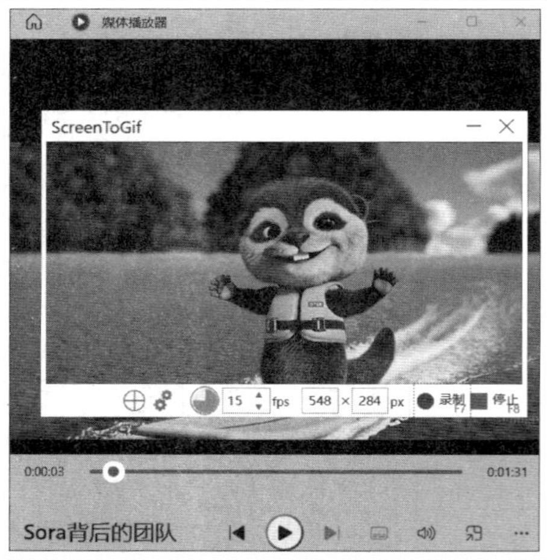
6. 单击媒体播放器的“播放”按钮，再单击ScreenToGif的“录制”按钮开始录制动图画面，录制完成单击“停止”按钮。	
7. 单击“另存为”按钮，打开相应的功能面板，选定如下。 文件类型：Gif； 文件命名：Mouse。 单击“保存”按钮，完成Gif动图制作。	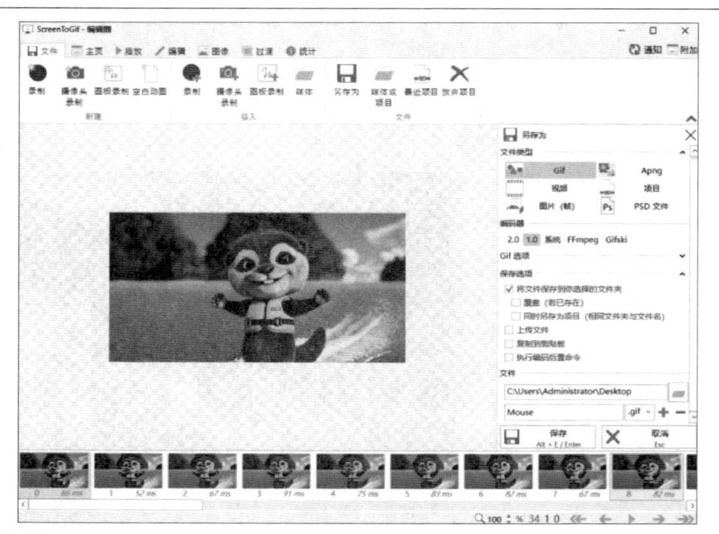

任务评价

1. 自我评价

□ QQ 录屏功能　　　　□ QQ 录屏热键

□ 保存屏幕录制文件　　□ ScreenToGif 软件操作界面

□ MP4 转 Gif　　　　　□ 输出 Gif 动图

2. 教师评价

工作页完成情况：□ 优 □ 良 □ 合格 □ 不合格

子任务 2　剪映（Gif 导出）

班级：________姓名：________日期：________地点：________学习领域：动图制作

（Gif

任务目标

1. 安装“剪映”并熟悉其编辑界面。
2. 掌握“剪映”的基本操作。
3. 会设置“剪映”→“导出”面板。
4. 能正确输出 Gif 动图。

任务导入

使用抖音旗下的视频剪辑软件“剪映”制作 Gif 动图，可使 Gif 动图的取材范围更加广泛。

任务准备

1. 安装“剪映”软件。
2. 准备制作动图的视频素材。

任务实施

步　　骤	说明或截图
1. 启动“剪映”，单击“开始创作”按钮，进入编辑界面。	

续表

步　　骤	说明或截图
2. 在“剪映”主工具栏的“媒体”标签下，单击“导入”按钮，可导入图片、音频和视频素材至此。	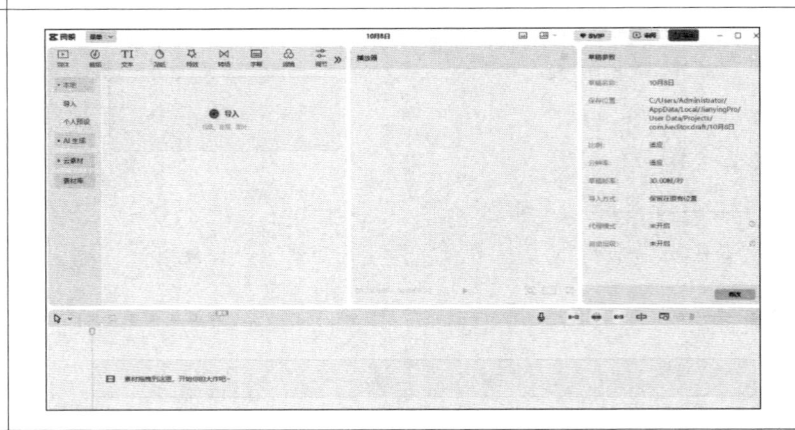
3. 导入一个视频素材，再单击右下角的“添加到轨道”按钮，将视频素材加载至时间轴。	
4. 在时间轴轨道，移动“当前时间指示器”至指定的位置，再单击“分割”按钮对素材进行分割。 注：分割素材的组合键为 Ctrl+B。	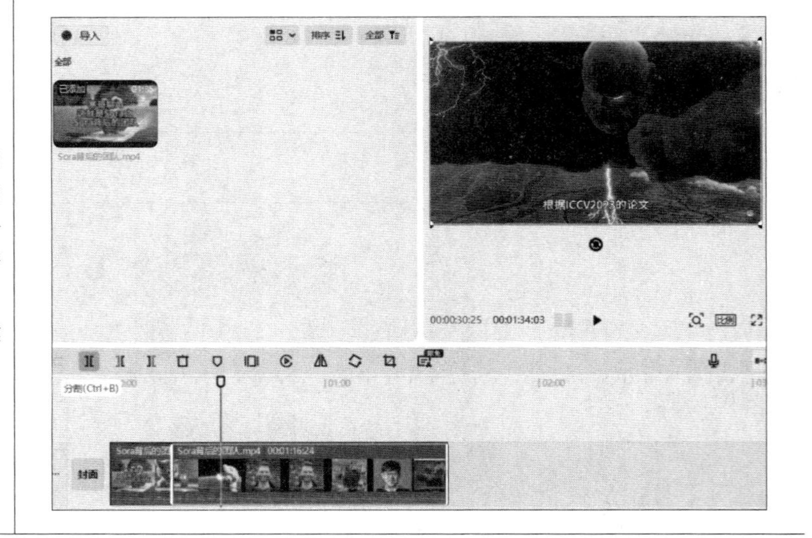

续表

步　　骤	说明或截图
5. 按 Delete 键删除多余的素材，保留要制作 Gif 动图的部分。	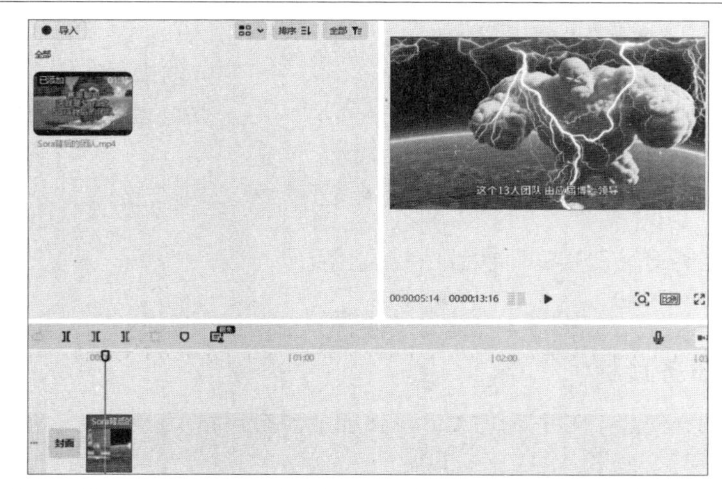
6. 单击右上角的“导出”按钮，打开“导出”设置对话框。 勾选“GIF 导出”，设置好相应的分辨率，下方会显示 Gif 动图的时长和大小。	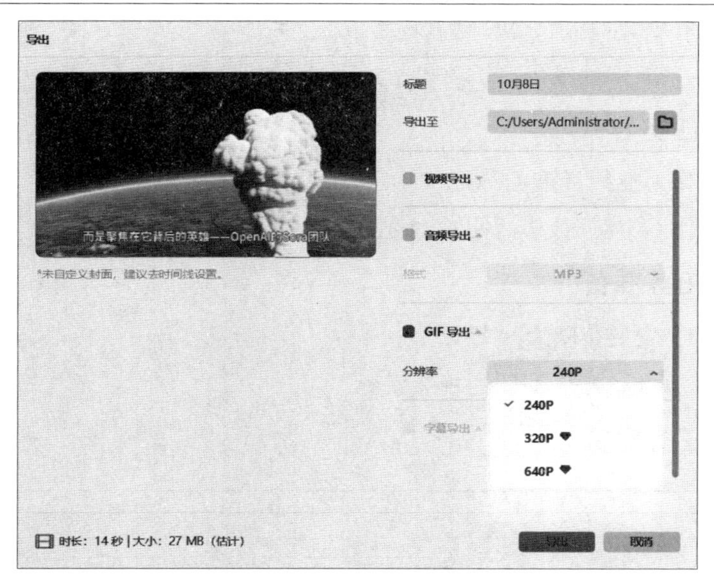
7. 在上一步单击“导出”按钮，完成 Gif 动图输出，图片的分辨率是 426px×240px。	

任务评价

1. 自我评价

□ “剪映”界面组成　　□ “剪映”基本操作

□ 导入素材　　□ 分割素材

□ “剪映”→“导出”设置　　□ 查看 Gif 动图的属性

2. 教师评价

工作页完成情况：□ 优 □ 良 □ 合格 □ 不合格

子任务 3　PR（Gif 导出）

班级：________姓名：________日期：________地点：________学习领域：动图制作

任务目标

1. 安装 PR 并熟悉 Adobe 产品的编辑风格。

2. 掌握 PR 基本剪辑操作。

3. 掌握 PR“导出”功能面板。

4. 能正确输出 Gif 动图。

任务导入

作为业界标准的 Adobe Premiere Pro（PR），不仅具有强大的视频剪辑功能，还可用于制作 Gif 动图，从而使 Gif 动图的制作方式更加多样。

任务准备

1. 安装 PR。

2. 准备制作动图的视频素材。

任务实施

步　骤	说明或截图
1. 安装并启动 PR，创建项目后，进入 PR 编辑界面。	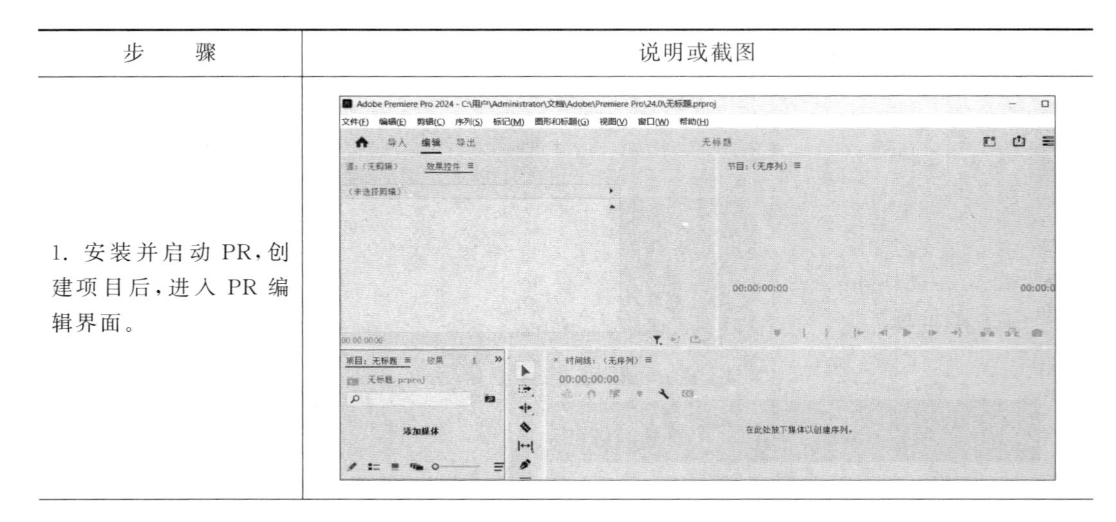

续表

步　骤	说明或截图
2. 在PR的项目面板导入一个视频素材,将其拖拽至时间轴面板。	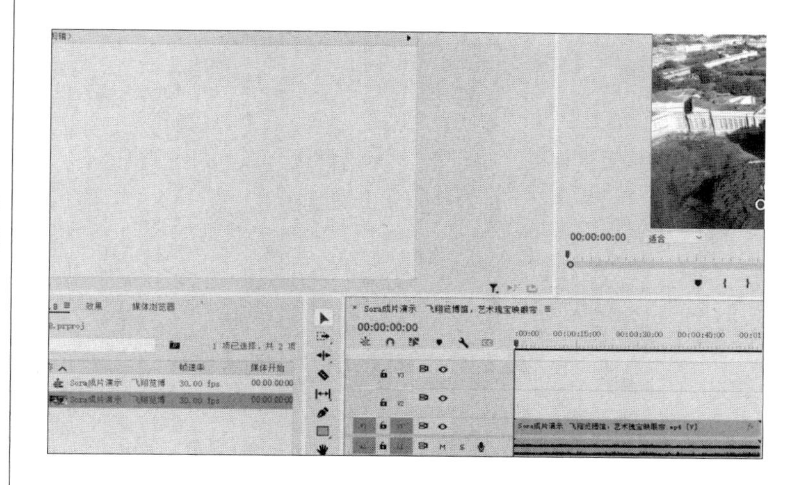
3. 使用“剃刀工具”或组合键Ctrl+K对时间轴上的视频素材进行“分割”。 按Delete键删除多余的部分。	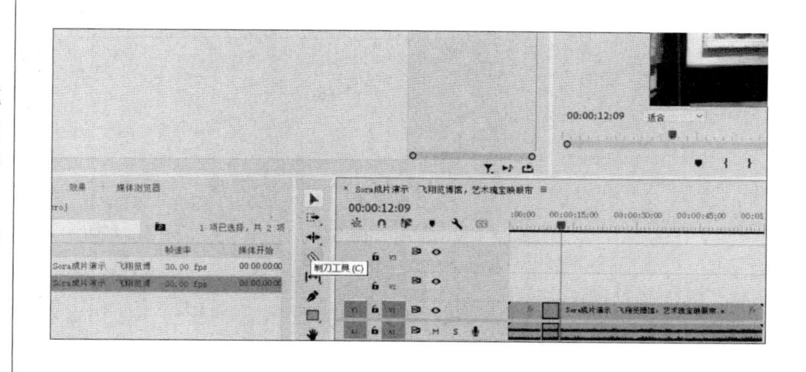
4. 单击左上角的“导出”标签,准备将视频转Gif动图。	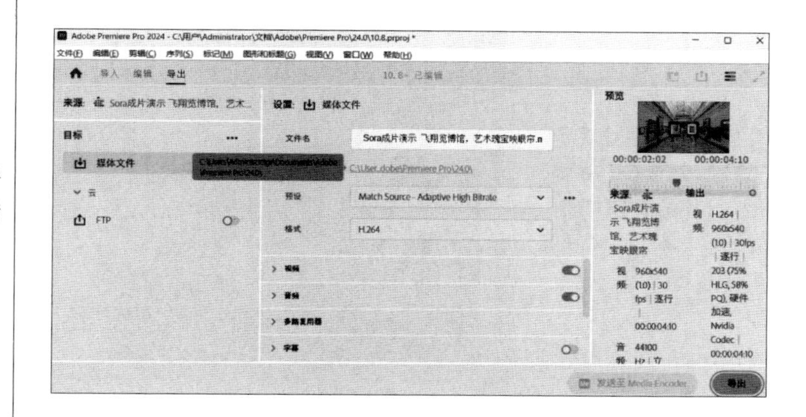

续表

<table>
<tr><th>步　　骤</th><th>说明或截图</th></tr>
<tr><td>5. 设置文件名、文件保存的位置以及格式，格式为“动画 GIF”。</td><td>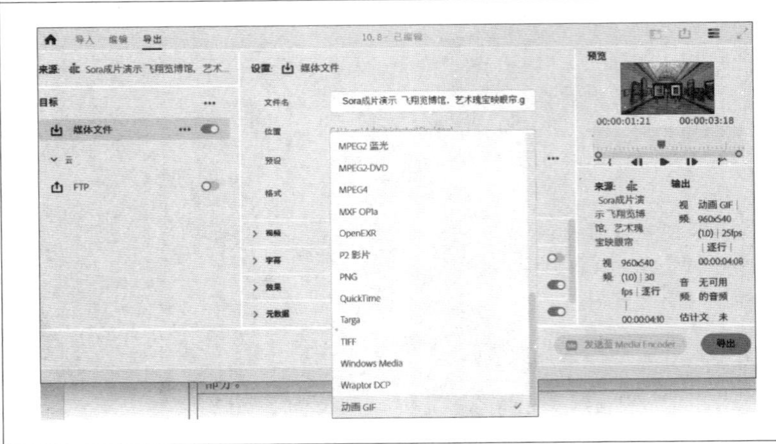
</td></tr>
<tr><td>6. 设置“帧大小”(即分辨率)为自定义(Custom)，即自行确定图片的宽和高数值。</td><td>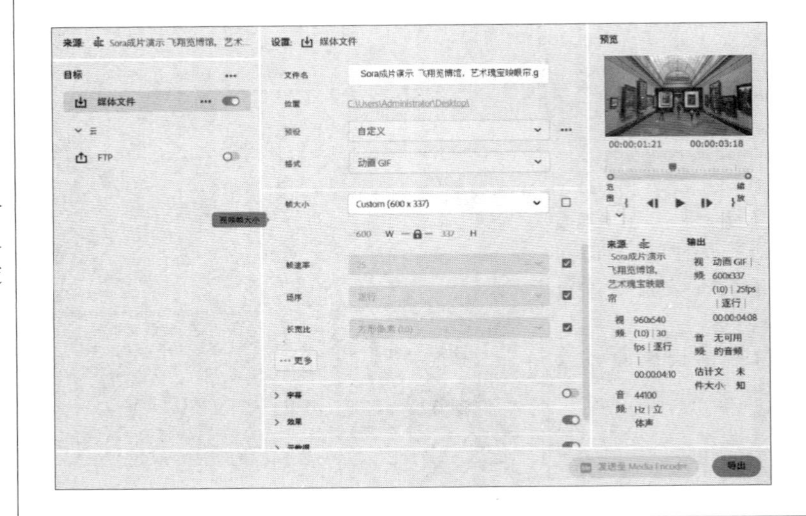
</td></tr>
<tr><td>7. 在上一步单击“导出”按钮，完成 Gif 动图输出，图片的分辨率是 600px × 337px，大小是 15MB。</td><td>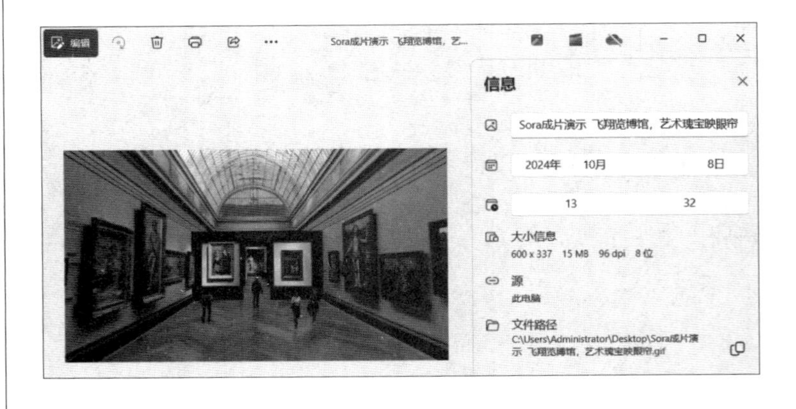
</td></tr>
</table>

任务评价

1. 自我评价

□ PR 界面组成　　□ PR 基本操作

□ 导入素材　　□ 分割素材

□ PR“导出”设置　　□ 查看 Gif 动图的属性

2. 教师评价

工作页完成情况：□ 优 □ 良 □ 合格 □ 不合格

任务二　手绘动画

班级：________**姓名：**________**日期：**________**地点：**________**学习领域：**动画制作

任务目标

1. 会安装 VideoScribe 软件。
2. 掌握手绘动画的工作流程。
3. 掌握镜头“定格”技术。
4. 能正确输出手绘动画视频。

任务导入

手绘动画对于环境配置要求不高且容易上手，在公益广告及资源制作等方面有较广泛的使用。

任务准备

搜索并下载 VideoScribe 软件，要能使用中文输入。

任务实施

步　骤	说明或截图
1. 安装并启动 VideoScribe，进入启动界面。	

续表

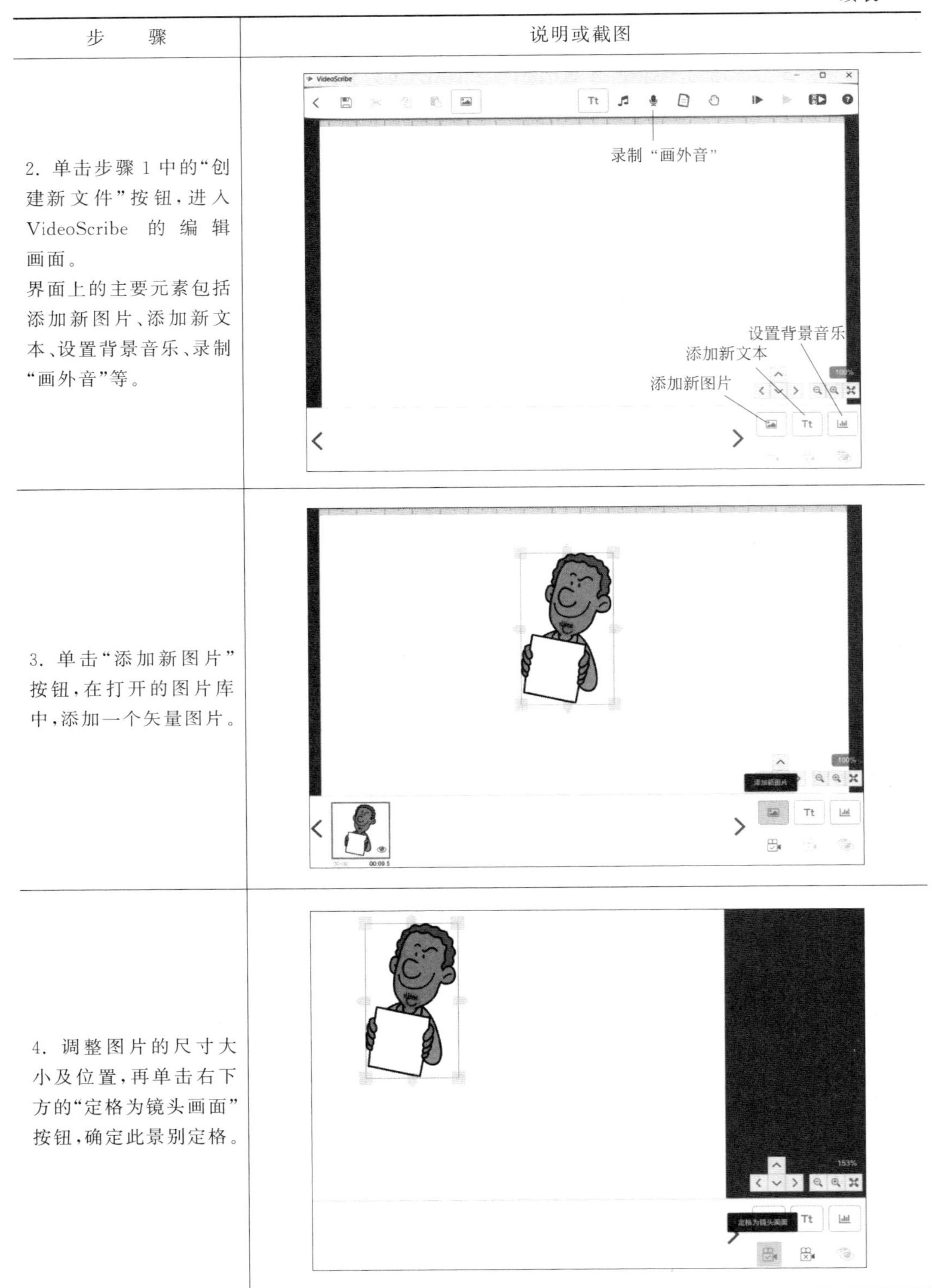

步　　骤	说明或截图
2. 单击步骤1中的“创建新文件”按钮，进入VideoScribe的编辑画面。 界面上的主要元素包括添加新图片、添加新文本、设置背景音乐、录制“画外音”等。	
3. 单击“添加新图片”按钮，在打开的图片库中，添加一个矢量图片。	
4. 调整图片的尺寸大小及位置，再单击右下方的“定格为镜头画面”按钮，确定此景别定格。	

续表

<table>
<tr><th>步　　骤</th><th>说明或截图</th></tr>
<tr><td>5. 单击“添加新文本”按钮，在打开的“文本输入”框中输入一行文本。双击“文本行”打开“文本属性”对话框，此处可对文本绘制动画属性进行设置，如绘制时长、暂停时长和过渡时长等。</td><td>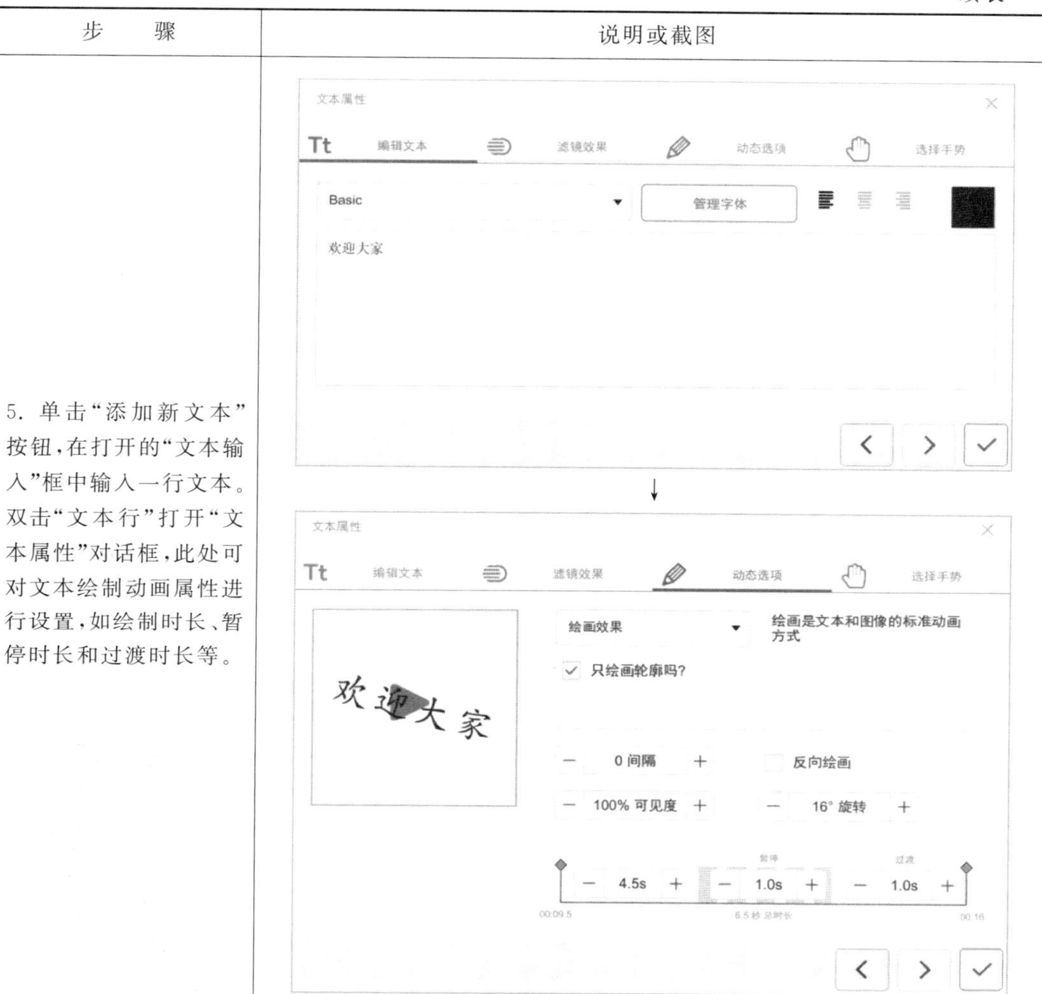
</td></tr>
<tr><td>6. 调整好画面缩放及文字大小，再单击右下方的“定格为镜头画面”按钮，确定此景别定格。</td><td>
</td></tr>
</table>

续表

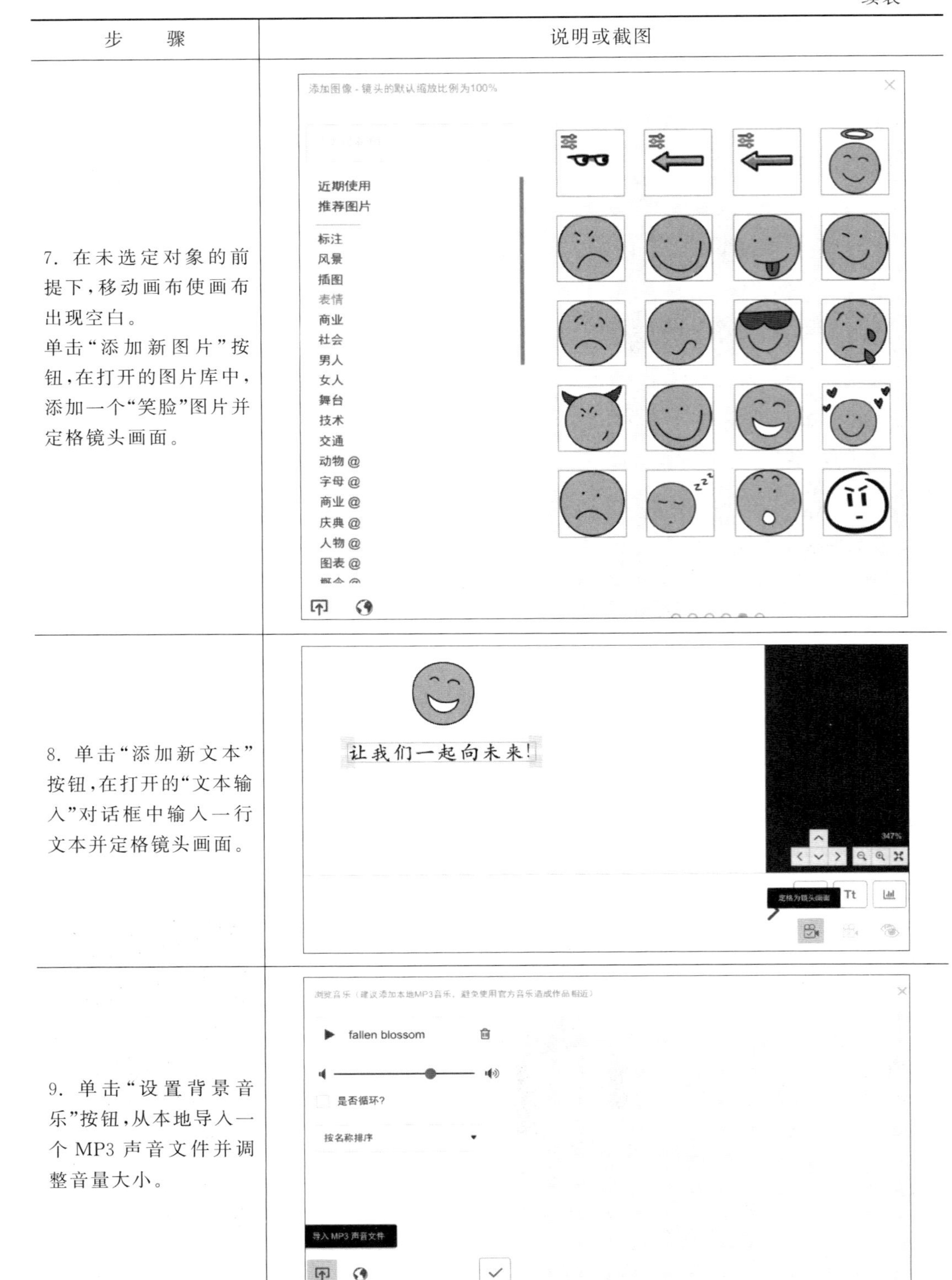

步　骤	说明或截图
7. 在未选定对象的前提下，移动画布使画布出现空白。 单击“添加新图片”按钮，在打开的图片库中，添加一个“笑脸”图片并定格镜头画面。	
8. 单击“添加新文本”按钮，在打开的“文本输入”对话框中输入一行文本并定格镜头画面。	
9. 单击“设置背景音乐”按钮，从本地导入一个 MP3 声音文件并调整音量大小。	

续表

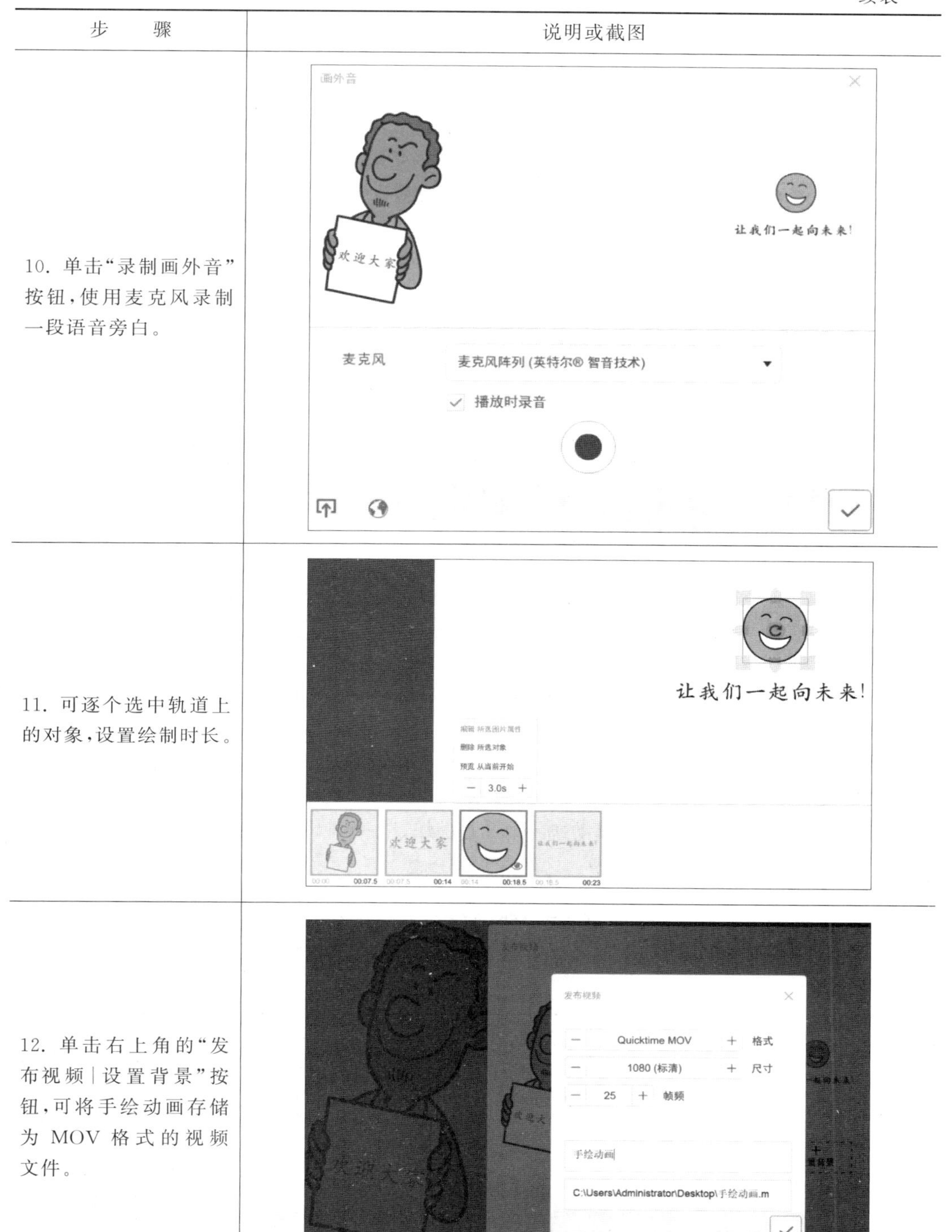

步　　骤	说明或截图
10. 单击“录制画外音”按钮,使用麦克风录制一段语音旁白。	
11. 可逐个选中轨道上的对象,设置绘制时长。	
12. 单击右上角的“发布视频｜设置背景”按钮,可将手绘动画存储为 MOV 格式的视频文件。	

任务评价

1. 自我评价

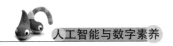

□ VideoScrible 安装	□ VideoScrible 中文输入
□ 添加新图片	□ 添加新文本
□ 定格镜头画面	□ 添加背景音乐
□ 添加语音旁白	□ 设置对象动画属性

2. 教师评价

工作页完成情况：□ 优 □ 良 □ 合格 □ 不合格

任务三 卡通动画

班级：________姓名：________日期：________地点：________学习领域：动画制作

任务目标

1. 熟悉卡通版动画的制作流程。
2. 会新建并设置“场景”。
3. 会新建并设置“角色”。
4. 会添加并设置“动作”。
5. 能正确导出卡通动画视频。

任务导入

卡通动画的应用场合非常广泛，用专门的二维动画制作软件 Animate 制作卡通动画，难度大、效率低，基于 AI 在线动画制作，上手快、效率高。

任务准备

登录并注册优芽网，体验运用 AI 在线制作动画的乐趣。

任务实施

步　骤	说明或截图
1. 输入网址 https://www.yoya.com，注册并登录，进入优芽动画官网。单击“新建动画”按钮，进入动画制作界面。	

续表

<table>
<tr><th>步　　骤</th><th>说明或截图</th></tr>
<tr><td>2. 此处有多种创建动画的方式，单击“空白创建”按钮，进入动画制作流程：场景、角色、动作、导出。</td><td>
</td></tr>
<tr><td>3. 在“场景”标签下可选定一个场景，场景的选定可采用模糊检索。此处场景选择的是“校园小道”。</td><td>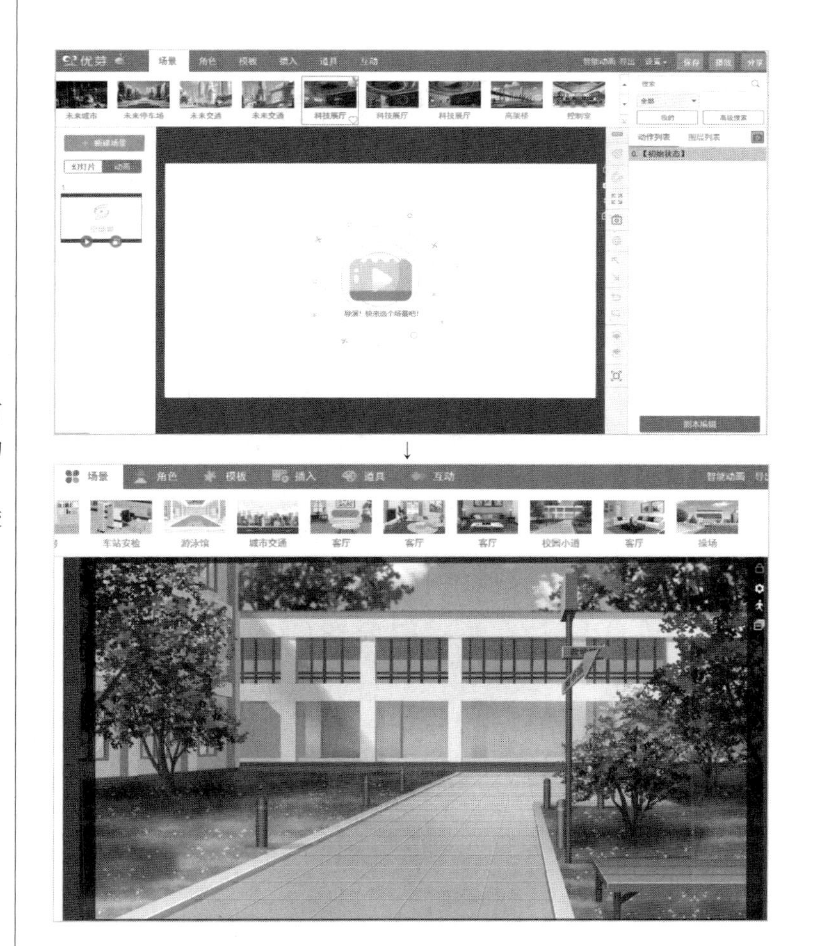
</td></tr>
</table>

续表

步　骤	说明或截图
4. 单击左上角的“角色”标签，在“新增角色”库中选定一个“青年老师”角色。 注：此处还可选择语音。	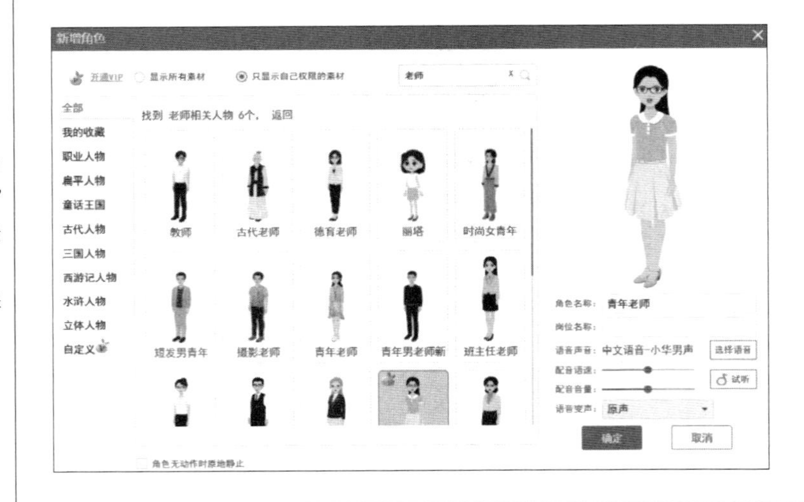
5. 选定角色，单击浮动工具栏上的“动作”按钮。 在“选择动作”库中选定坐姿类动作：坐着看书。	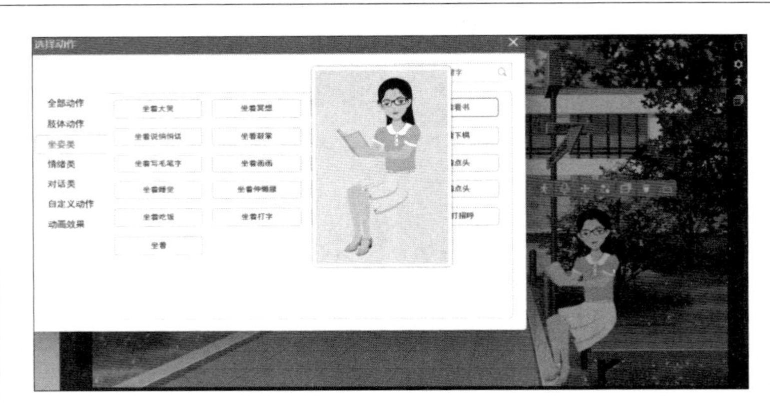
6. 单击浮动工具栏上的“对话”按钮，可设定老师的对话内容、对话动作、字幕内容及配音。	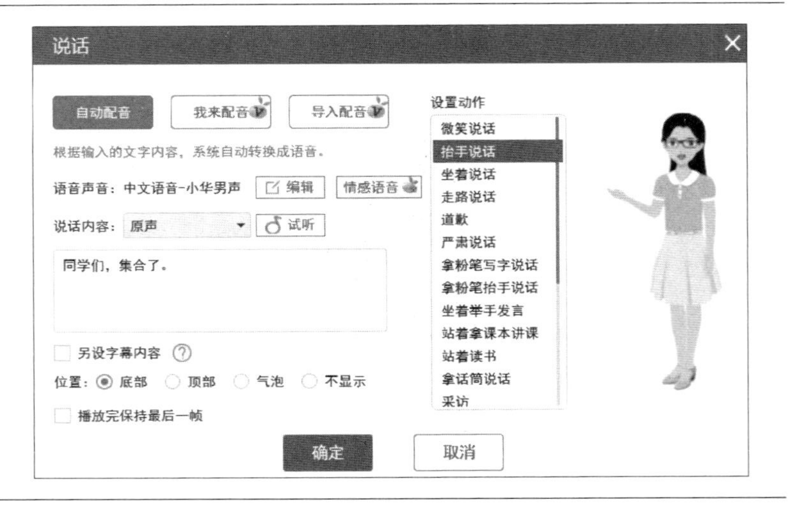

续表

<table>
<tr><th>步　骤</th><th>说明或截图</th></tr>
<tr><td>7. 继续添加另外一个学生“角色”，设置其动作：自左至右，走路。</td><td>
</td></tr>
<tr><td>8. 单击浮动工具栏上的“对话”按钮，可设定学生的对话内容、对话动作、字幕内容及配音。</td><td>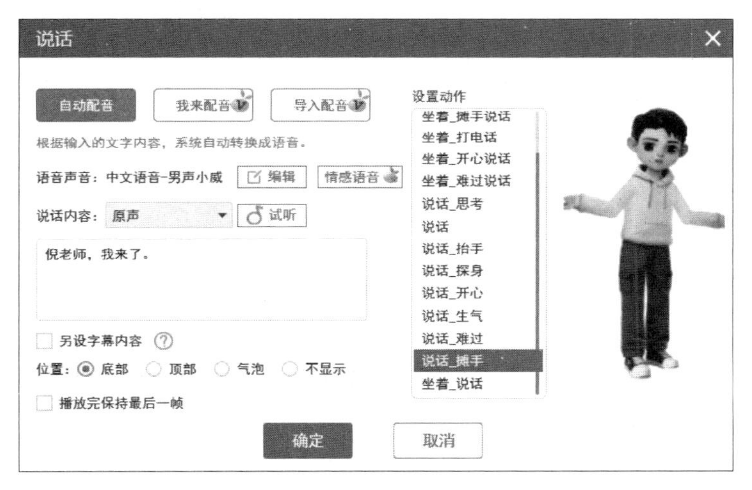
</td></tr>
<tr><td>9. 单击右上角的“导出”按钮，在打开的对话框中可选择导出视频文件或其他格式文件。</td><td>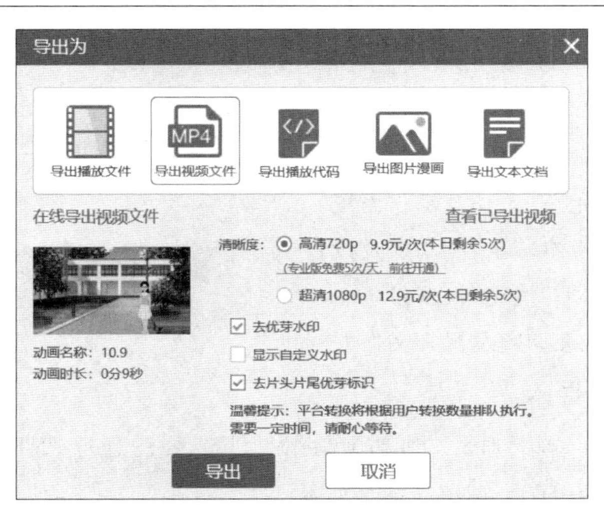
</td></tr>
</table>

续表

步　　骤	说明或截图
10. 单击右上角的"分享"按钮，在打开的对话框中可选择分享：二维码或网址。	分享 响应净网行动的要求，推进互联网生态文明建设，您分享的作品将进行内容审核，请耐心等待。（审核时间 9:00-22:00） 作品名称：片头动画 类型：片头场景 标签：互动电影 互动电影 生活 公益 正能量 中小学 下一步 取消

任务评价

1. 自我评价

□ 优芽网注册、登录　　□ 卡通版动画制作流程

□ 添加和设置场景　　□ 添加和设置角色

□ 添加和设置动作　　□ 导出及分享操作

2. 教师评价

工作页完成情况：□ 优 □ 良 □ 合格 □ 不合格

任务四　万彩动画大师

班级：________姓名：________日期：________地点：________学习领域：动画制作

任务目标

1. 安装并注册、登录"万彩动画大师"。
2. "背景""前景"添加及设置。
3. "角色"添加及动作设置。
4. "文本转语音"添加及设置。
5. 掌握"运镜"设置技巧。
6. 掌握动图及视频文件的导出。

任务导入

万彩动画大师是二维动画制作的利器，要注意与 PPT 等资源制作工具的组合使用，才能发挥其优势，创新课件及资源制作。

任务准备

厘清场景、时间轴、镜头、角色、动作和语音等要素，梳理万彩动画制作流程。

任务实施

步　　骤	说明或截图
1. 安装并启动“万彩动画大师”，注册、登录之后，进入主界面。 单击“新建工程”按钮，打开相应的对话框。	
2. 在“新建工程”对话框中单击“新建工程”按钮，进入编辑画面。 注：此处可使用“智能场景”或“插入PPT”生成动画。	 ↓ 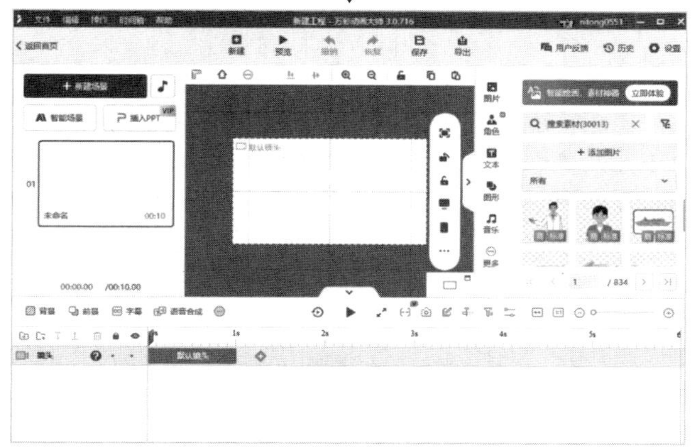

续表

步　　骤	说明或截图
3. 单击“背景”按钮，再单击“背景”轨道上的“+”按钮，在打开的背景设置对话框中，单击“图片背景”→“预设图片”→“简约”，添加一张图片作为动画背景。 注：前景设置与此类似。	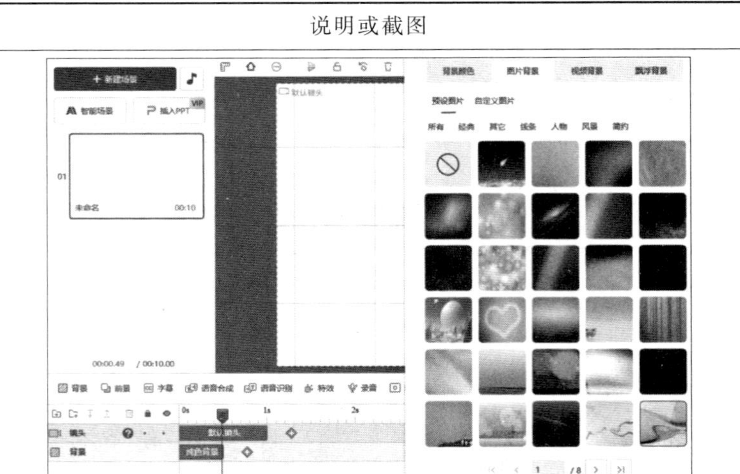
4. 单击“角色”按钮，添加一个Q版古风女生图片。	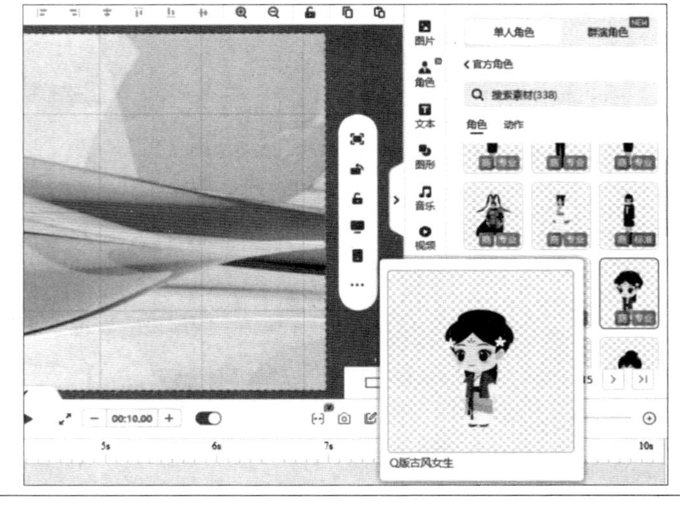
5. 选定女生“边走边说”动作。	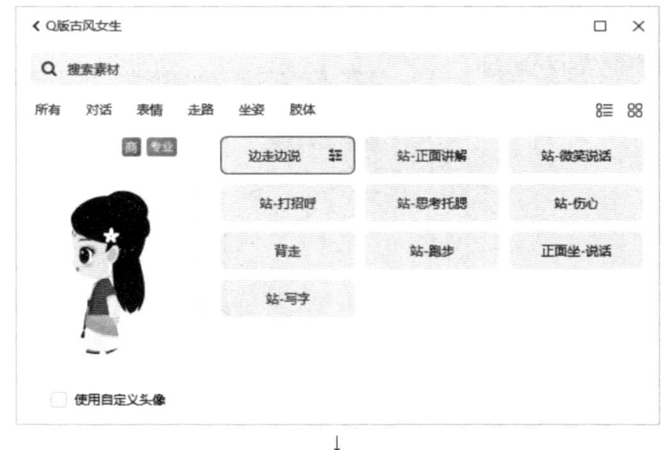 ↓

续表

步　　骤	说明或截图
5.（续） 将其插入轨道，移至右侧。	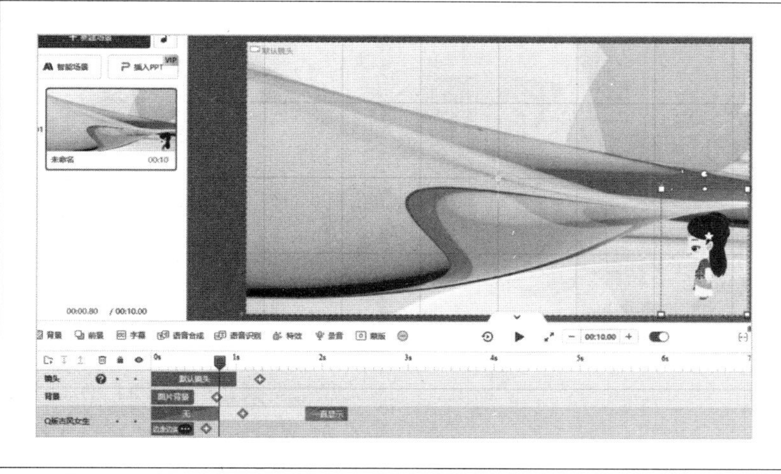
6. 单击女生所在轨道上方的“+”按钮，打开“强调效果”对话框。 单击移动、匀速和“确定”按钮。 在画布上拖拽女生至中心位置，在轨道上再增加“移动”时长，完成女生行走的动画设置。	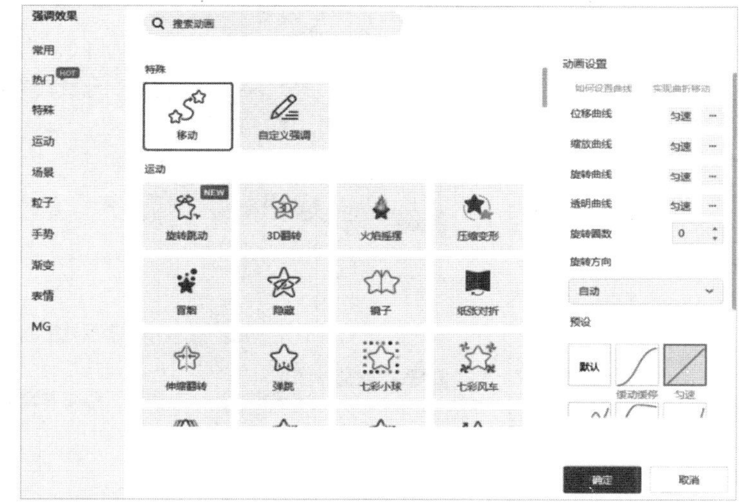 ↓ 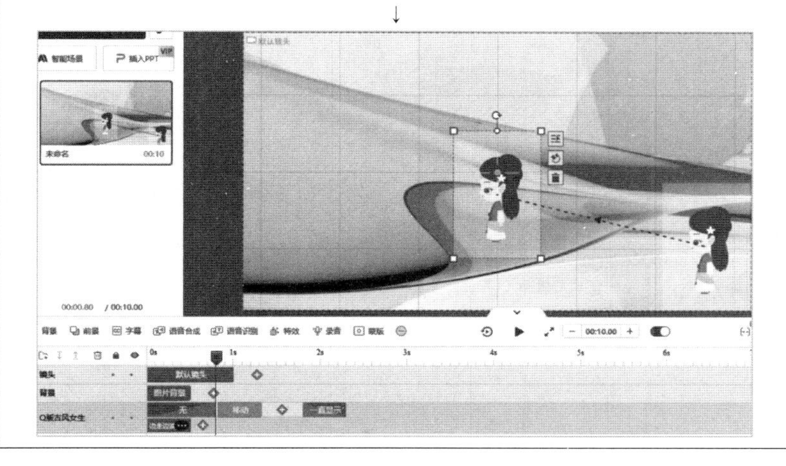

续表

步　骤	说明或截图
7. 单击女生所在轨道下方的“＋”按钮，打开“Q 版古风女生”动作设定对话框。 单击“站-正面讲解”，完成女生转身动画设置。	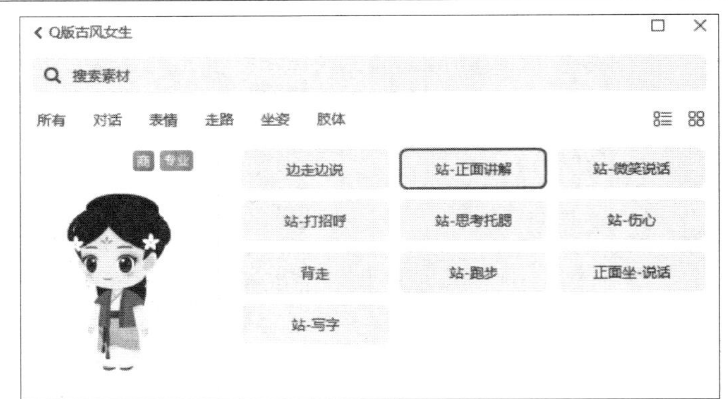
8. 单击“镜头”轨道上的“＋”按钮，添加一个当前视角的镜头，缩小其尺寸，产生放大运镜的效果。	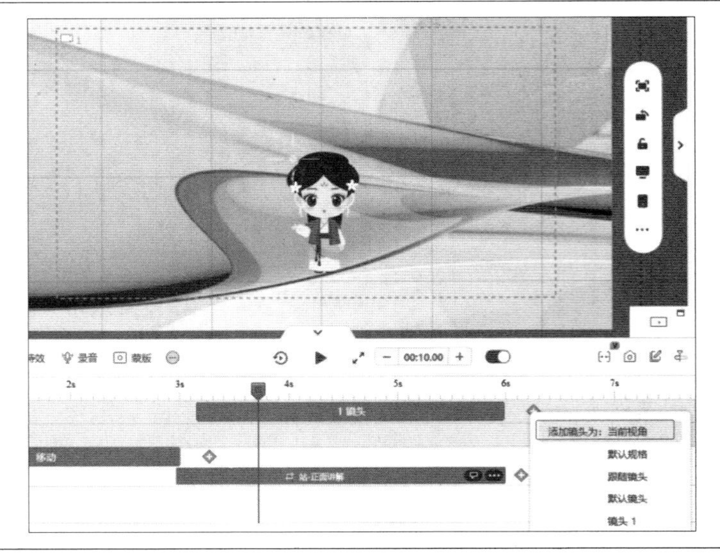
9. 单击“语音合成”按钮，打开“文字转语音 | 转换规则”对话框。	 ↓

续表

<table>
<tr><th>步　骤</th><th>说明或截图</th></tr>
<tr><td>9.（续）
选定一个预设的语音，再输入文本，单击“应用”按钮，新增一个语音轨道。</td><td>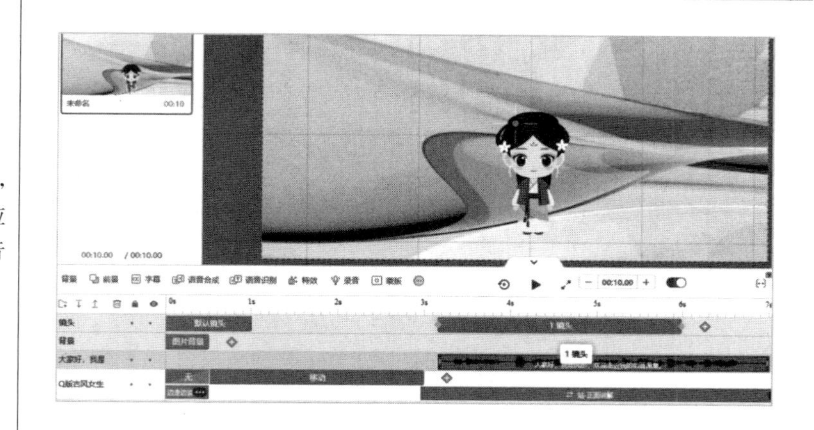</td></tr>
<tr><td>10. 单击“导出”按钮，打开“导出作品”对话框。
设定好保存的文件名、位置、帧率和格式等，再单击“导出”按钮，完成动画作品的输出。</td><td>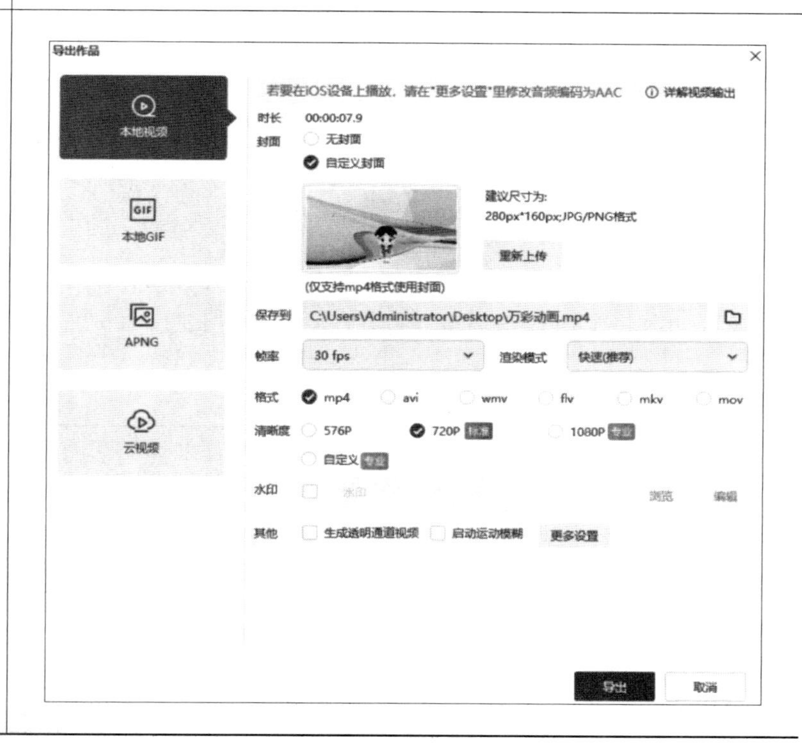
</td></tr>
</table>

任务评价

1. 自我评价

□ 背景设置	□ 角色选择及动作设置
□ “运镜”设置	□ 文字转语音
□ 添加“语音”轨道	□ “导出”设置

2. 教师评价

工作页完成情况：□ 优 □ 良 □ 合格 □ 不合格

任务五 动态文本

班级：________姓名：________日期：________地点：________学习领域：After Effects

任务目标

1. 熟悉 After Effects(AE) 2024 工作界面。
2. 掌握“合成”的新建及设置方法。
3. 会使用“文字工具”及功能面板。
4. 会设置文本“动画”“添加”。
5. 会添加并设置摄像机图层。
6. 渲染输出视频。

任务导入

登录 B 站或抖音，观摩 AE 文字动画作品，感受文字动画创作之美。

任务准备

AE 2024 安装及操作环境设置，预习文字图层、摄像机图层相关内容。

任务实施

步　　骤	说明或截图
1. AE 2024 启动成功，出现如图所示画面，主界面可划分为五大功能版块。	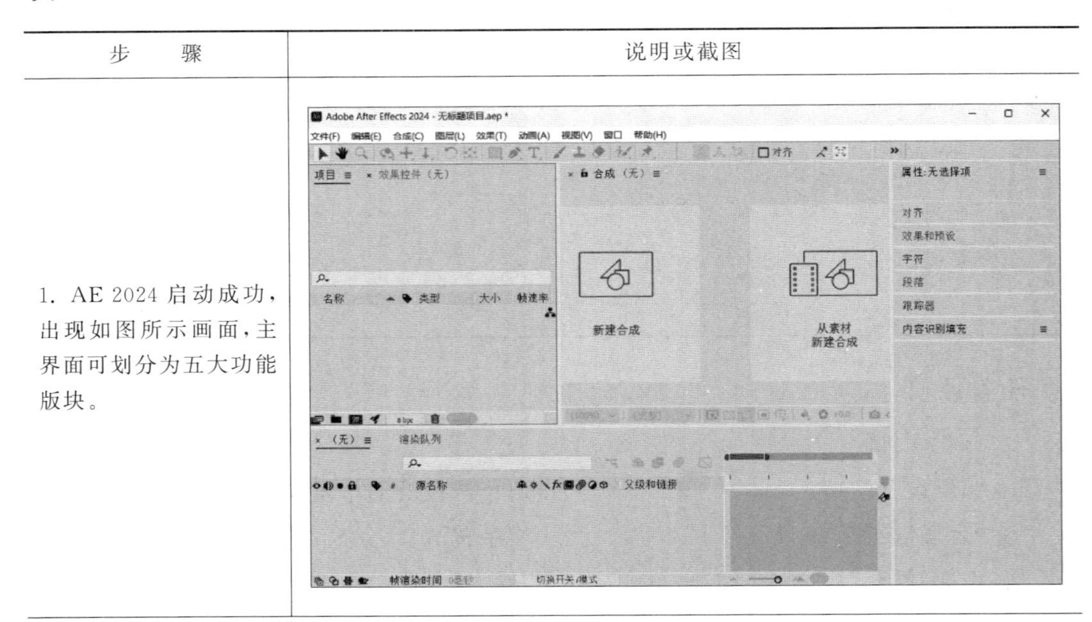

续表

步　骤	说明或截图
2. 五大功能版块分区如图所示，它们分别为项目及效果控件区、预览区、功能面板区、图层区、时间轴区。	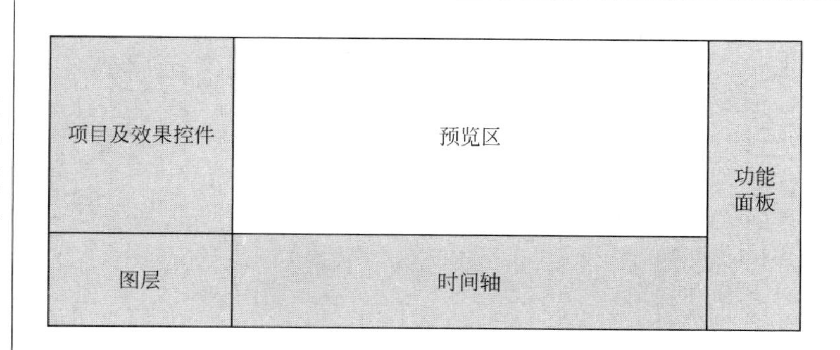
3. 单击“新建合成”按钮，打开“合成设置”对话框，在其上可设置合成的分辨率、帧速率和持续时间等。 此处设置时长为10s。 注：时间计量单位为hh：mm：ss：ff（时、分、秒、帧）	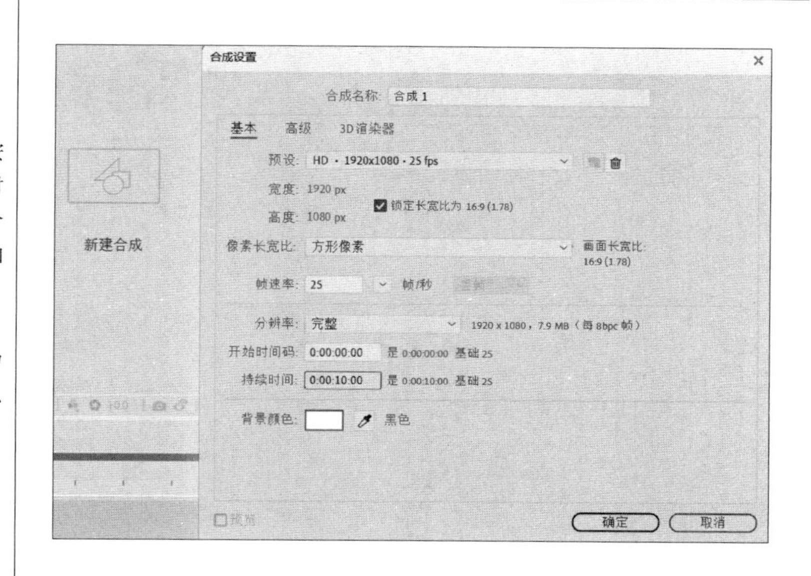
4. 使用“文字工具”输入一行文本，在右侧的“字符”面板设置字体、字号及颜色。	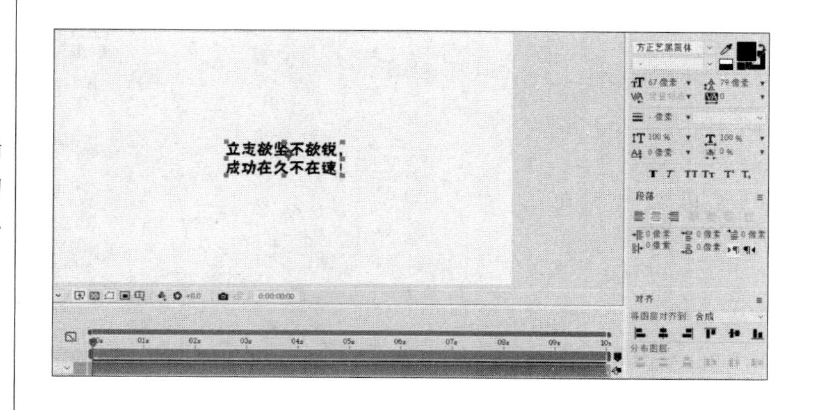

续表

步　　骤	说明或截图
5. 展开文字图层面板，选择“动画”→“启用逐字 3D 化”命令。 再选择“动画”→“位置”命令。	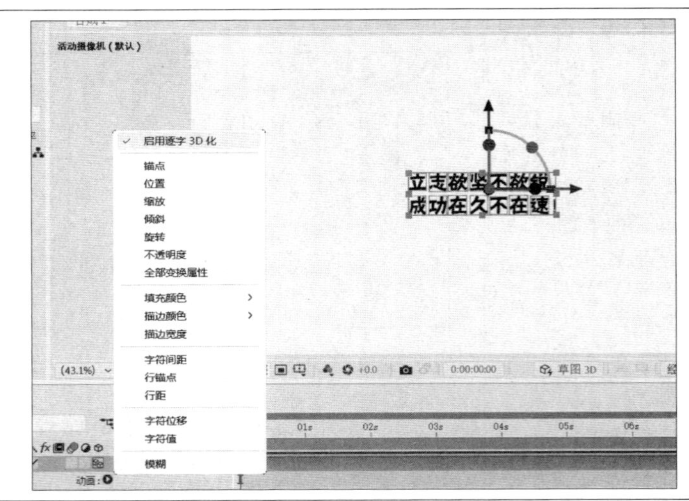
6. 选择“添加”→“属性”→“旋转”命令。	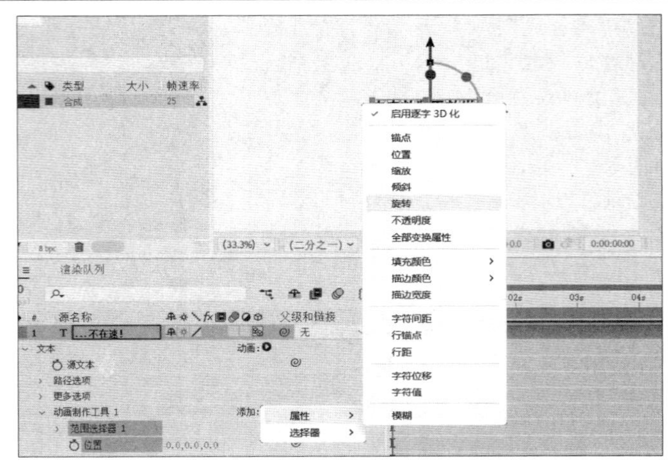
7. 选择“添加”→“选择器”→“摆动”命令。	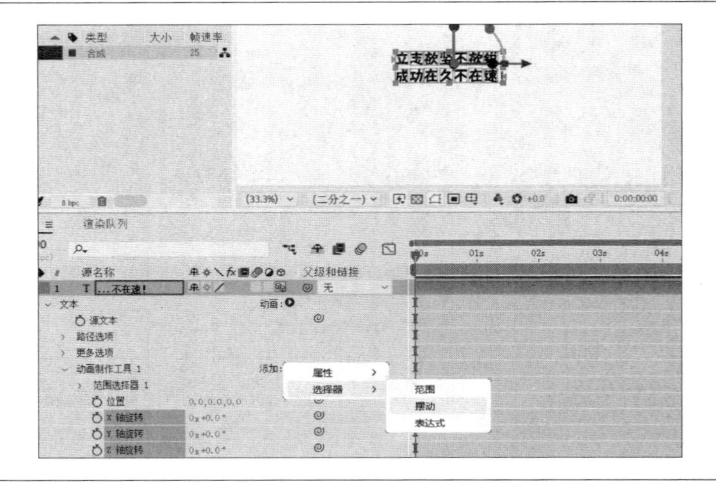

续表

步　　骤	说明或截图
8. 展开“摆动选择器1”，将“摇摆/秒”“关联”两项的值均设置为0。	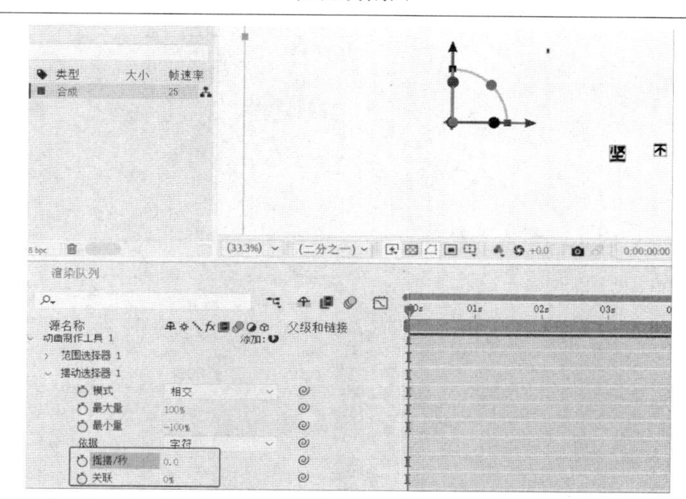
9. 展开“动画制作工具1”，对“位置”属性间隔5s添加两个关键帧。 调整首关键帧x、y、z位置坐标，实现文本由散到聚的动画效果。 继续对x轴旋转、y轴旋转和z轴旋转三个“旋转”属性间隔5s添加两个关键帧。 调整首关键帧x、y、z轴坐标，实现文本由斜到正的动画效果。	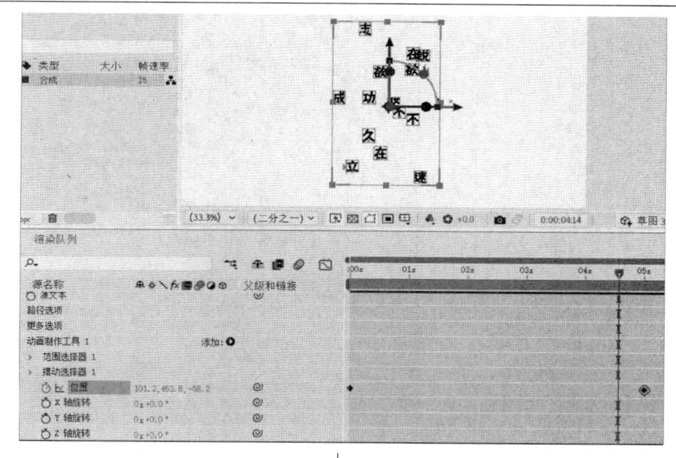 ↓ 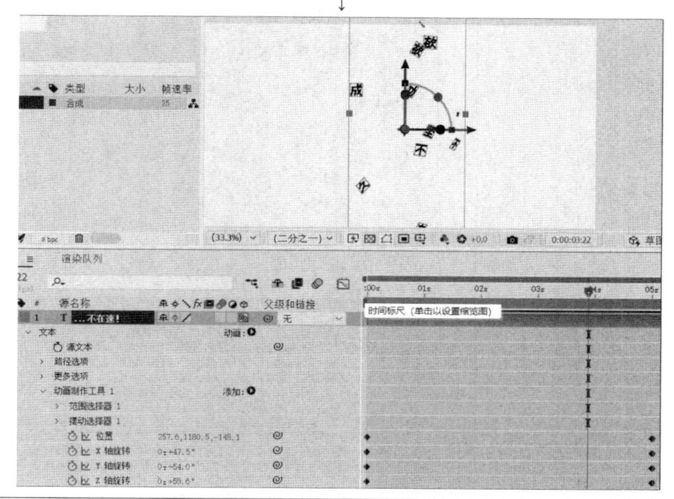

续表

步　　骤	说明或截图
10．选中所有关键帧，按 F9 功能键进行“缓动”。	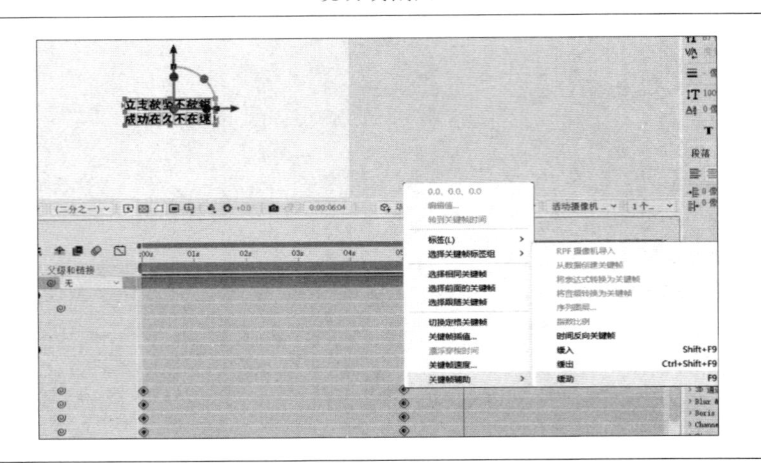
11．新建一个摄像机图层并展开其图层面板。对“摄像机选项”设置如下。 景深：开； 光圈：3000 左右。 从而实现由虚到实的动态效果。	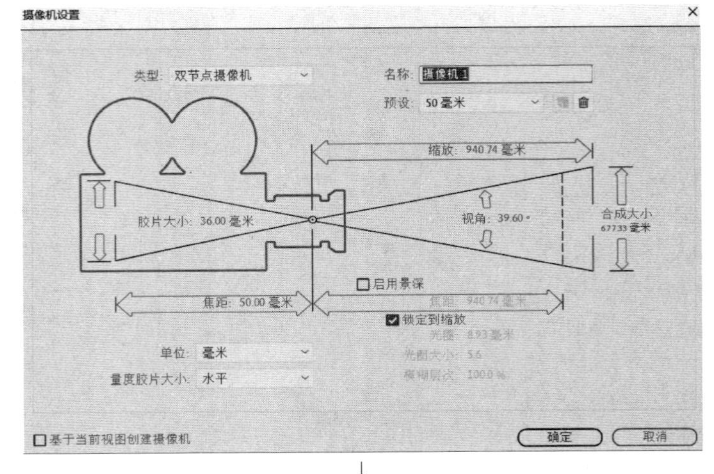 ↓ 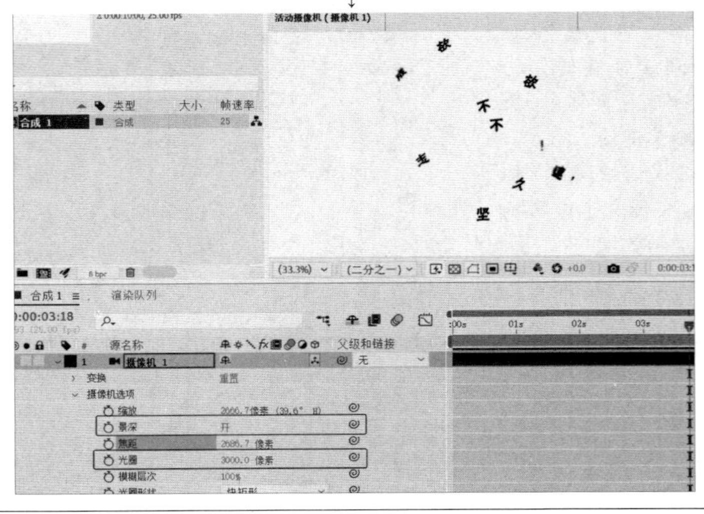

续表

步　　骤	说明或截图
12. 返回文字图层，选择“动画”→“填充颜色”→“RGB”命令。 选择“添加”→“属性”→“摇摆”命令，完成文字随机上色效果。	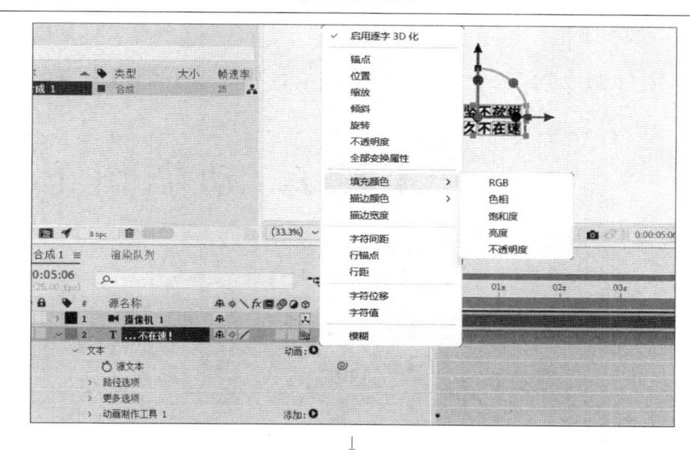 ↓ 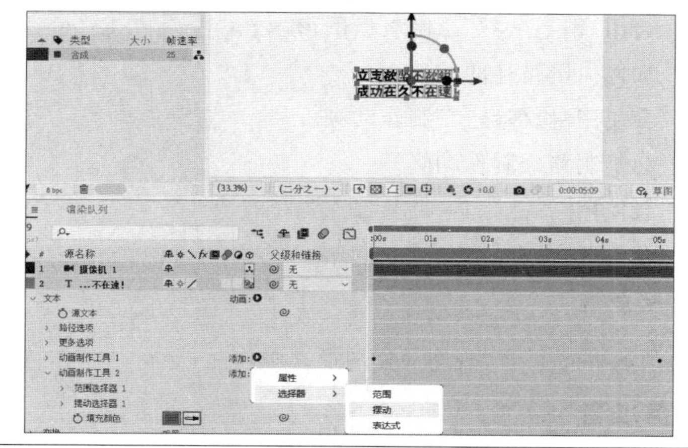
13. 按组合键 Ctrl+M，将文本动画输出成 MP4 格式的视频文件。	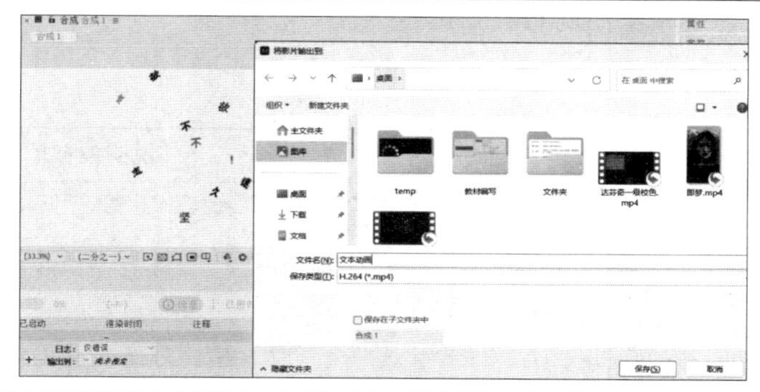

任务评价

1. 自我评价

☐ AE 软件安装及操作环境设置　　☐ 文字工具及字符面板

☐ “文本”→“动画”设置　　☐ “动画制作工具 1”→“添加”设置

□ 添加关键帧并设置“缓动”　　□ “摇摆器”设置

□ 文字变色　　□ 组合键 Ctrl+M 合成输出设置

2. 教师评价

工作页完成情况：□ 优 □ 良 □ 合格 □ 不合格

任务六　动态图形

子任务1　飞行线路

班级：________姓名：________日期：________地点：________学习领域：After Effects

任务目标

1. 会用“钢笔工具”绘制矢量图形。
2. 掌握矢量路径的调整。
3. 会使用“修剪路径”制作动画。
4. 会复制路径制作动画。
5. 会使用“锚点工具”调整锚点的位置。
6. 会设置“沿路径定向”。

任务导入

登录B站或抖音，观摩AE图形动画作品，分析其制作技巧。

任务准备

预习矢量绘图的相关知识。

任务实施

步　　骤	说明或截图
1. 在AE中新建一个合成，使用“钢笔工具”绘制并调整成如图所示的开放的矢量路径。 设置如下。 填充：无； 描边：白色，4px。	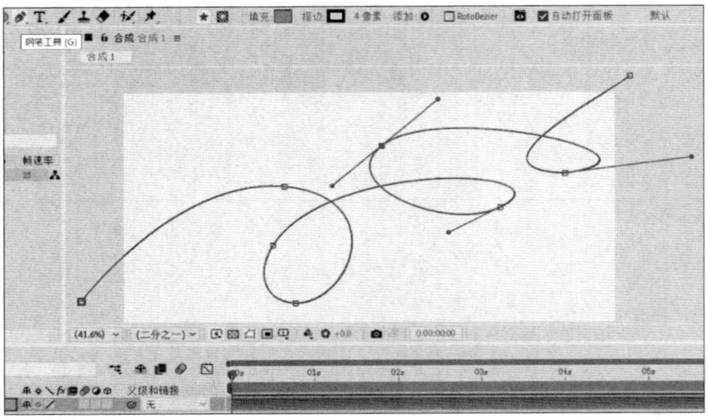

续表

<table>
<tr><th>步　　骤</th><th>说明或截图</th></tr>
<tr><td>2. 展开形状图层的路径并选中，按组合键 Ctrl＋C 将其复制，准备用作纸飞机的飞行路径。</td><td>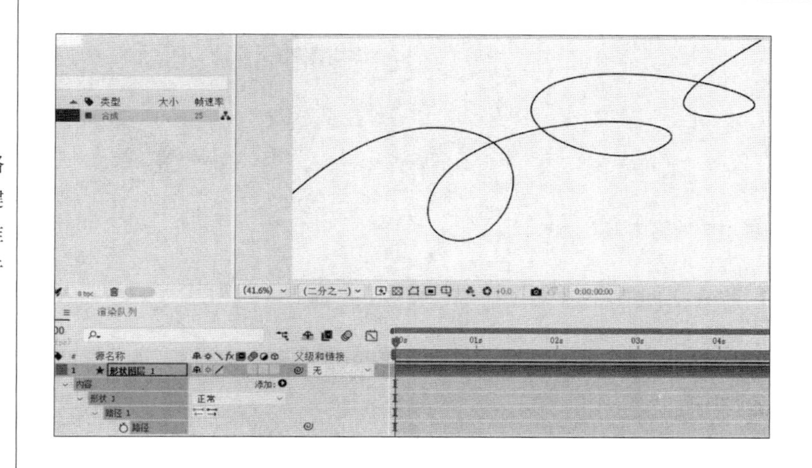
</td></tr>
<tr><td>3. 展开形状图层，选择“添加”→“修剪路径”命令，准备制作一个伸展的路径动画。</td><td>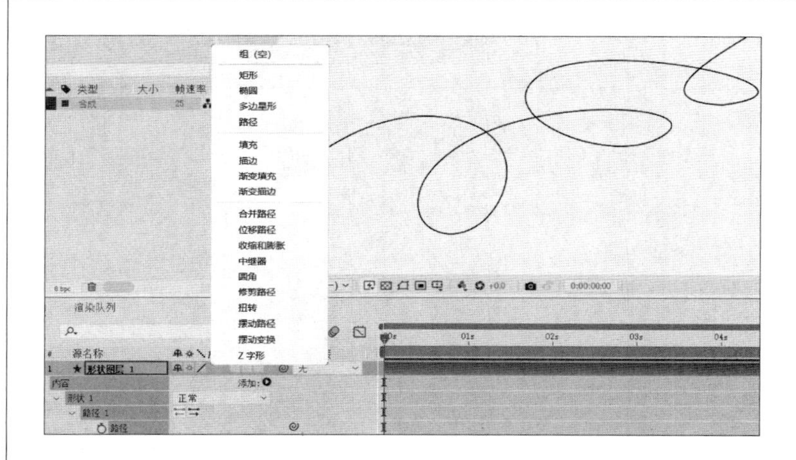
</td></tr>
<tr><td>4. 展开“修剪路径 1”→“结束”项，在首、尾处，添加两个关键帧，设置其值为 0～100。</td><td>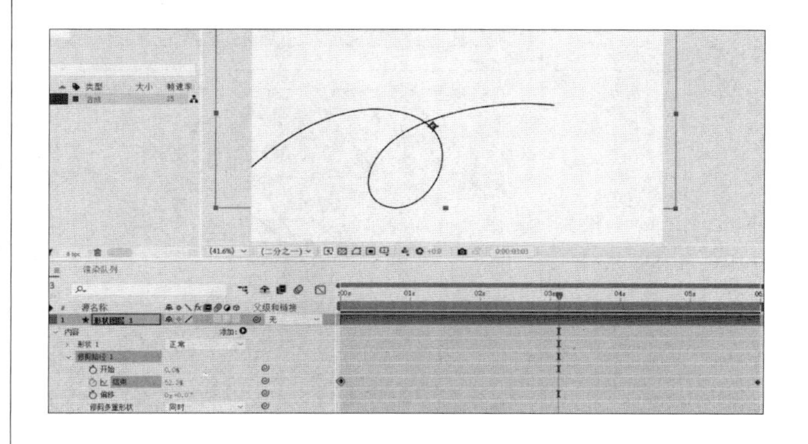
</td></tr>
</table>

续表

步　　骤	说明或截图
5. 使用“钢笔工具”绘制一个纸飞机。 使用“锚点工具”调整锚点至如图所示的位置。	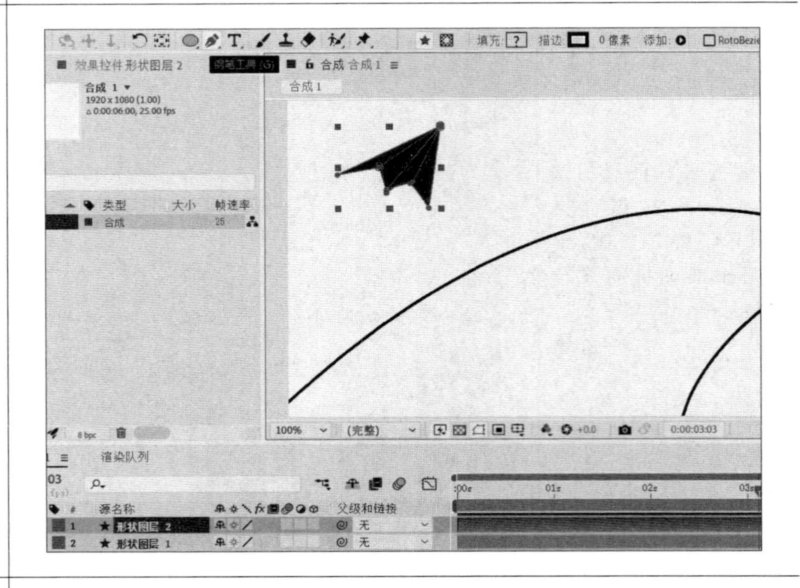
6. 按 P 键展开“纸飞机”图层的“位置”属性。按组合键 Ctrl＋V，粘贴路径关键帧，如右图所示。	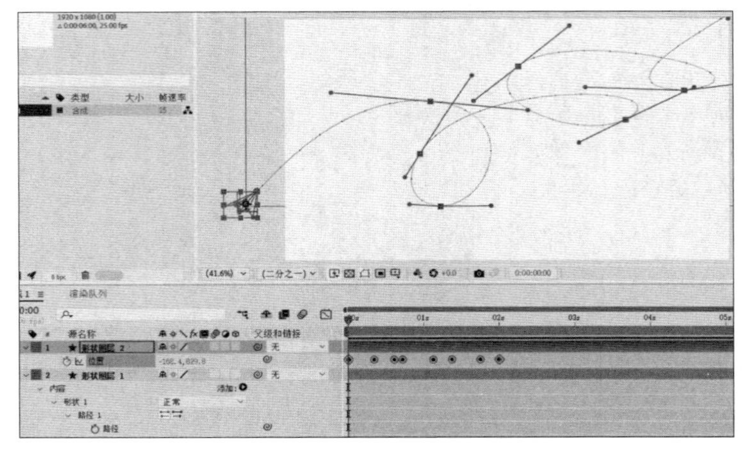
7. 按住 Alt 键不松并拖拽尾部关键帧至合成结尾处，如右图所示。	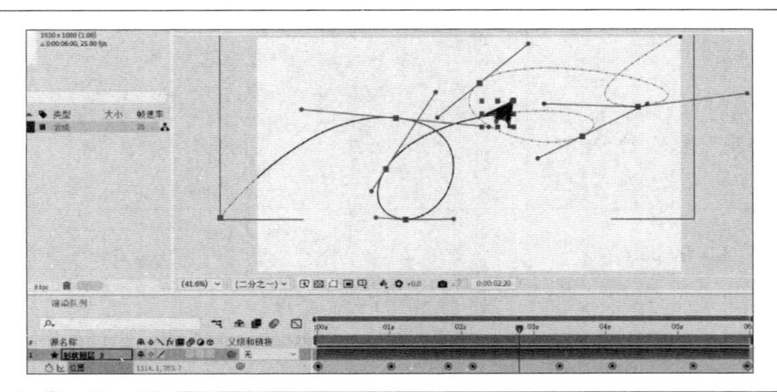

续表

步　　骤	说明或截图
8. 保持“纸飞机”图层的选定状态，右击，在弹出的菜单中选择“变换”→“自动定向”命令。 在打开的“自动方向”对话框中，选中“沿路径定向”，再单击“确定”按钮。	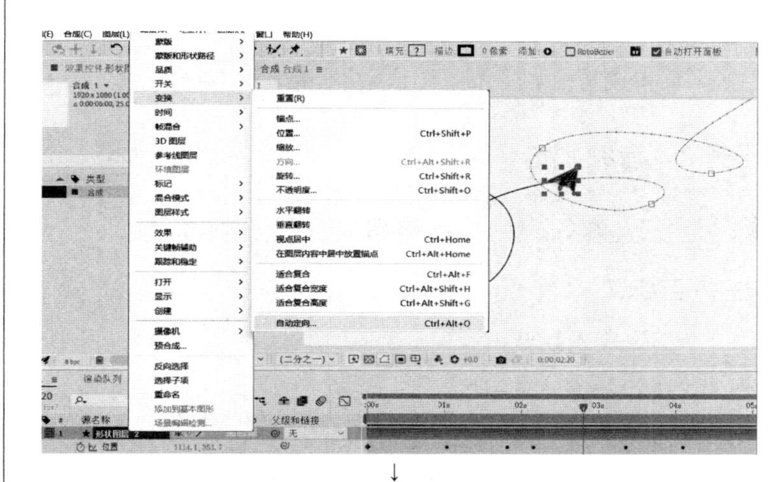 ↓ 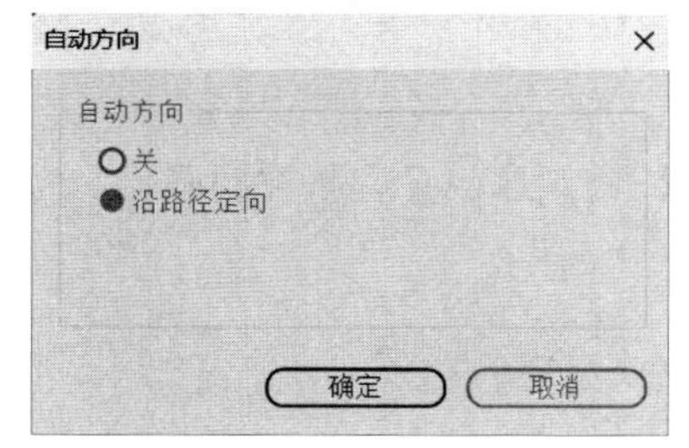
9. 按 R 键展开“旋转”属性，调整一下纸飞机的旋转角度，使其与路径朝向一致，完成最终的效果制作。	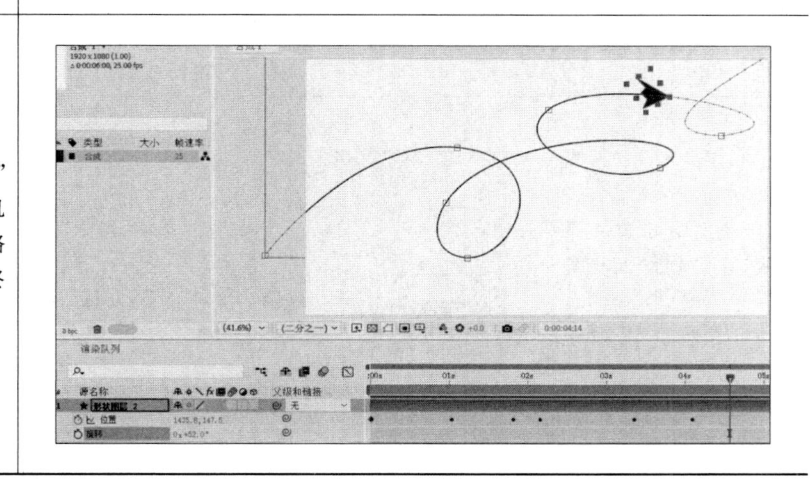

任务评价

1. 自我评价

☐ 钢笔工具使用及设置　　☐ 复制、粘贴路径

☐ 修剪路径及动画制作　　☐ 绘制一个完整的矢量图形

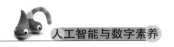

☐ 调整“锚点”位置　　☐ 匹配两个矢量图形动画

☐ 自动定向　　☐ 调整“旋转”角度

2. 教师评价

工作页完成情况：☐ 优 ☐ 良 ☐ 合格 ☐ 不合格

子任务 2　音频频谱

班级：________ **姓名**：________ **日期**：________ **地点**：________ **学习领域**：After Effects

音频

任务目标

1. 学会音频素材裁剪。
2. 新建并设置纯色图层。
3. 添加并设置“音频频谱”。
4. 会更改“音频频谱”的颜色。

任务导入

登录 B 站或抖音，观摩 AE 音频类动画作品特效，感受音画视觉震撼。

任务准备

准备一首音域较宽广的音频文件。

任务实施

步　骤	说明或截图
1. 在 AE 中新建一个合成，在“项目”面板导入一个 MP3 格式的音频文件，将其添加至图层。 按组合键 Ctrl＋Y，新建一个纯色图层。 注：按组合键 Ctrl＋Shift＋Y 设置纯色图层。	

续表

步　骤	说明或截图
2. 按组合键 Alt+[、]对图层上的音频素材进行掐头去尾，选出一段较高昂的音频片段。 对纯色图层添加“音频频谱”效果。	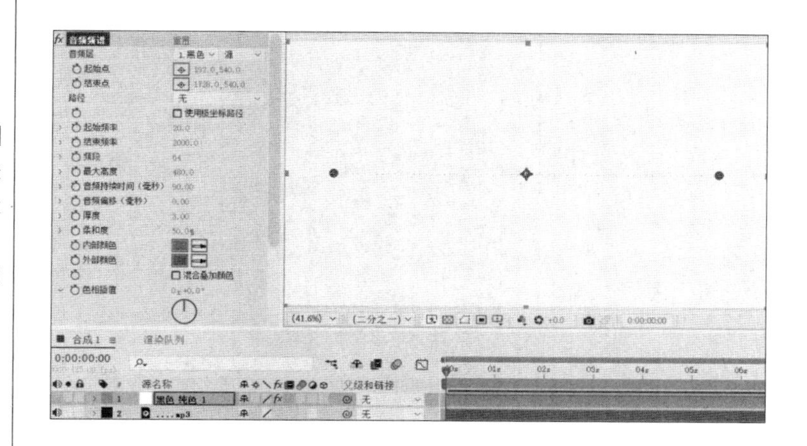
3. 在“效果控件”面板将“音频频谱”效果的“音频层”项设置为 MP3 文件。	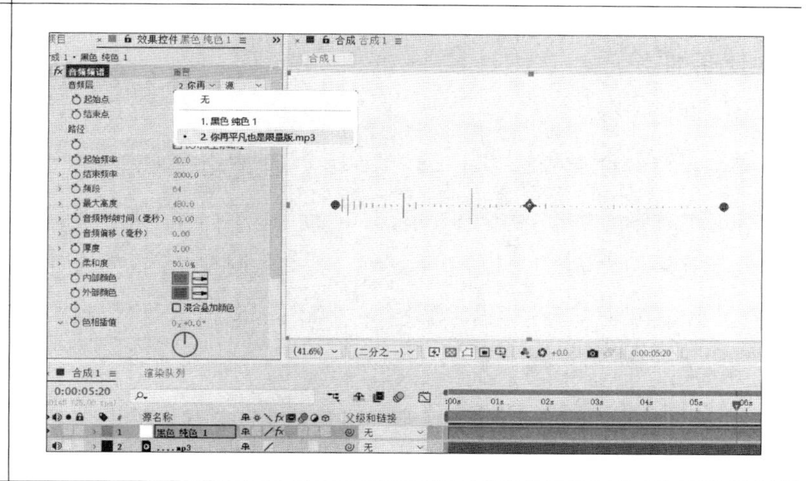
4. 继续在“效果控件”面板对“音频频谱”效果进行以下设置。 最大高度：2000； 色相插值：228 左右。 效果如右图所示。	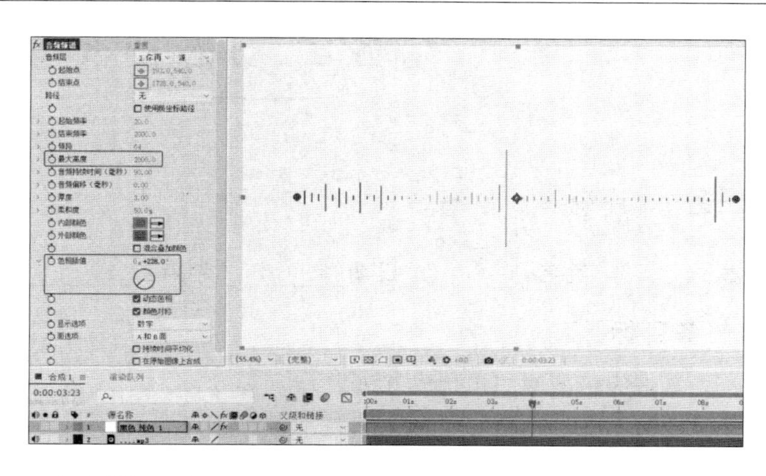

续表

步　骤	说明或截图
5. 继续在“效果控件”面板对“音频频谱”效果进行设置。 面选项：A 面。 效果如右图所示。	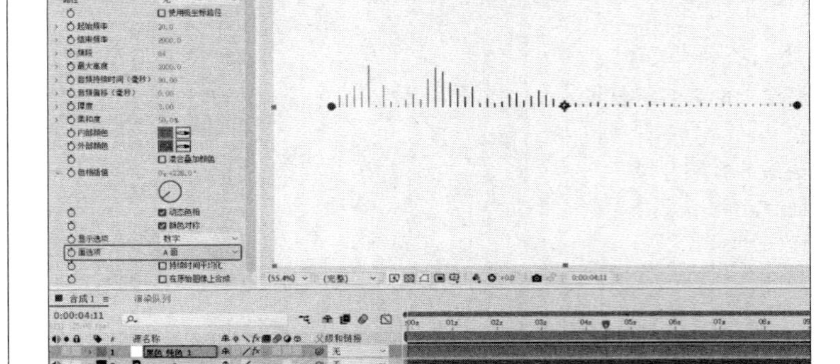

任务评价

1. 自我评价

☐ 音频素材裁剪　　☐ 组合键 Ctrl+Y 的使用

☐ 组合键 Ctrl+Shift+Y 的使用　　☐ 添加“音频频谱”

☐ 效果控件面板　　☐ 调整“音频频谱”颜色

☐ 设置双面“音频频谱”动效　　☐ 设置单面“音频频谱”动效

2. 教师评价

工作页完成情况：☐ 优 ☐ 良 ☐ 合格 ☐ 不合格

任务七　动态图片

子任务 1　环绕

班级：________姓名：________日期：________地点：________学习领域：After Effects

任务目标

1. 掌握纯色图层的预合成方法。
2. 能对图片批量调整大小。
3. 会对多个选中对象进行对齐与分布。

4．会使用 CC Cylinder 效果。

5．熟悉空间坐标系。

任务导入

观摩教学资源库中的图片动画，分析并学习其制作技法，以制作更多的动态课程资源。

任务准备

准备一批用于制作空间环绕的图片素材。

任务实施

步　　骤	说明或截图
1．启动 AE，新建一个合成。 按组合键 Ctrl＋Y，新建一个纯色图层，并进行以下设置。 宽度：1920px； 高度：150px； 颜色：白色。	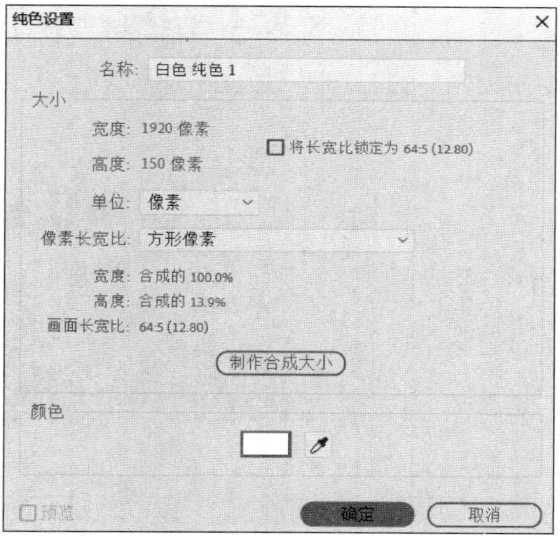
2．按组合键 Ctrl＋Shift＋C，对纯色图层进行“预合成”。	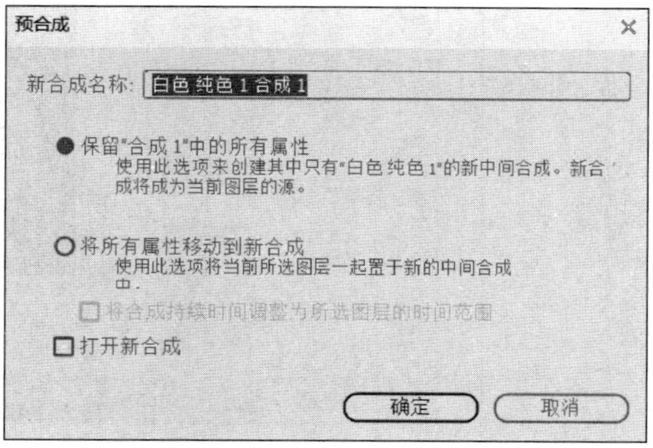

续表

步　骤	说明或截图
3. 在“项目”面板导入一批图片素材。 双击“预合成”图层，添加这一批图片，按 S 键展开图层的“缩放”属性，将所有图片进行缩小处理。	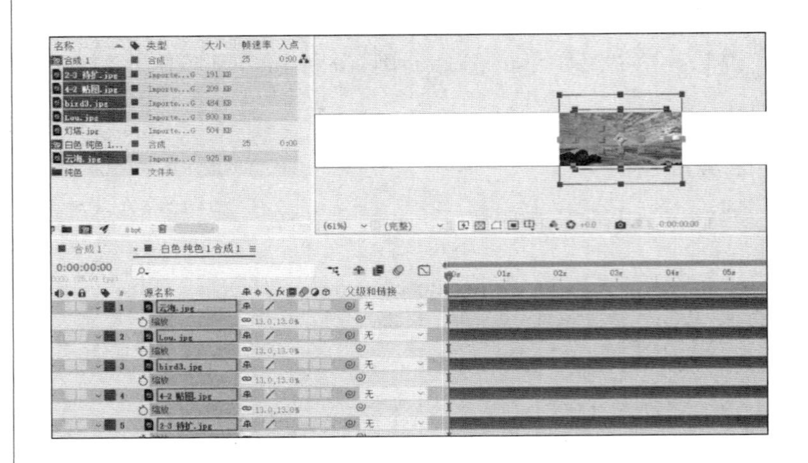
4. 选中所有图片，在“对齐”面板对图片进行对齐与分布。 隐藏白色“纯色”图层。	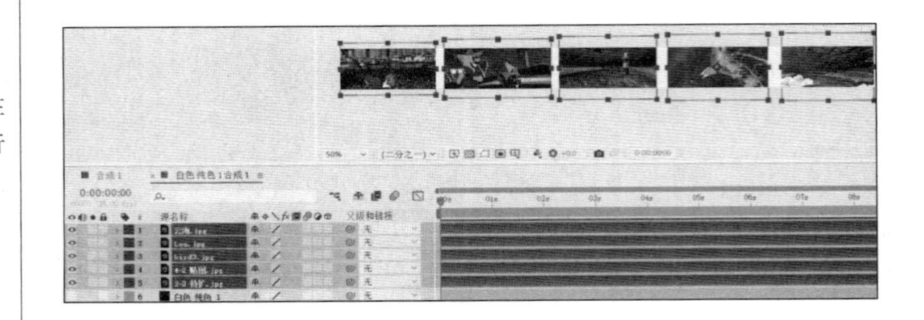
5. 返回主合成，对“预合成”图层添加 CC Cylinder 效果，选中图层的“折叠变换”，如右图所示。	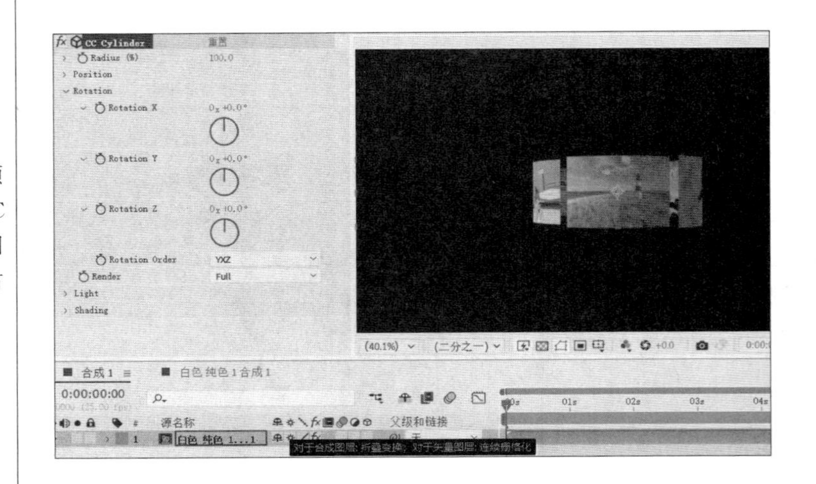

续表

<table>
<tr><th>步　　骤</th><th>说明或截图</th></tr>
<tr><td>6. 在“效果控件”面板，对 CC Cylinder 效果设置如下。
Radius：150 左右；
Rotation X：23 左右。</td><td>

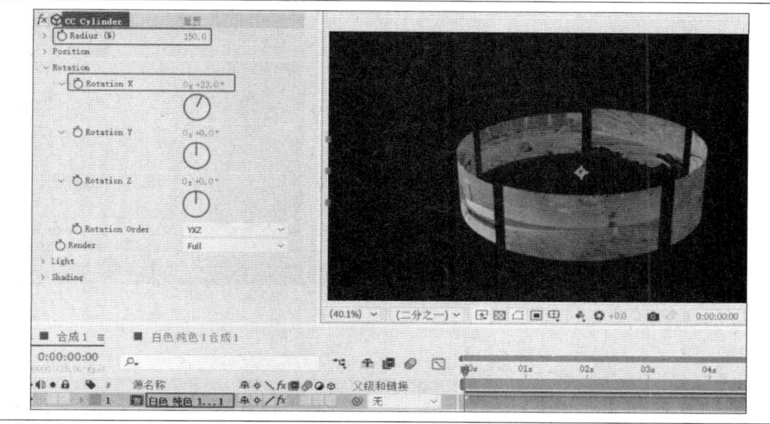

</td></tr>
<tr><td>7. 在“效果控件”面板，继续对 CC Cylinder 效果的 Rotation Y 项添加两个关键帧，设置其值为 0～1，从而产生绕垂直的 Y 轴旋转动效。</td><td>

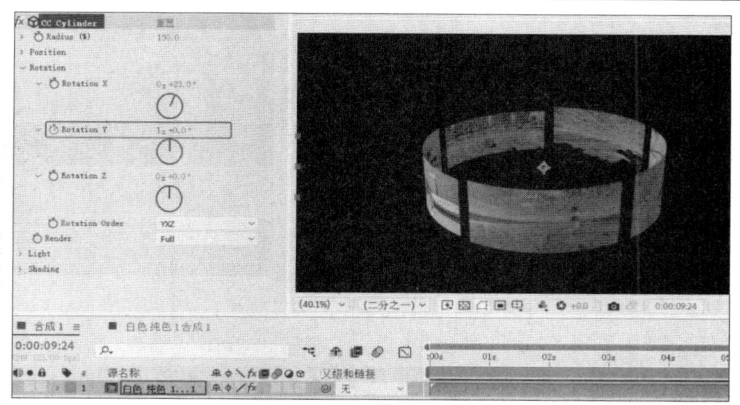

</td></tr>
<tr><td>8. 在“效果控件”面板，展开 CC Cylinder 效果的 Light 项，调整 Light Direction 的值为 247，完成图片旋转的效果制作。</td><td>

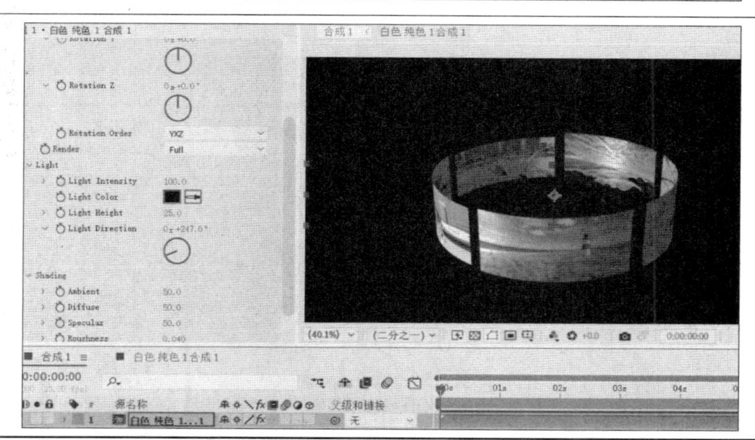

</td></tr>
</table>

任务评价

1. 自我评价

□ 纯色图层转预合成　　　　□ 批量调整图片大小

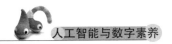

☐ 多个对象对齐与分布　　☐ 隐藏图层

☐ 折叠图层　　☐ CC Cylinder 效果设置

☐ CC Cylinder 动画制作　　☐ CC Cylinder 调光

2. 教师评价

工作页完成情况：☐ 优 ☐ 良 ☐ 合格 ☐ 不合格

子任务 2　飘雪

班级：________**姓名：**________**日期：**________**地点：**________**学习领域：**After Effects

任务目标

1. 掌握“Lumetri 颜色”效果设置。
2. 能使用“钢笔工具”新建图层蒙版。
3. 会对蒙版的形状及羽化进行调整。
4. 会使用并调整 CC Snowfall 效果。
5. 进一步掌握蒙版动画的制作方法。

任务导入

观摩教学资源库中的动画图片素材，分析并学习其制作技法，以扩充更多的动态课程资源。

任务准备

准备用于制作飘雪的多层次图片素材，以便使制作效果更加逼真。

任务实施

步　　骤	说明或截图
1. 启动 AE，新建一个合成。 在“项目”面板导入一个图片素材，基于所选项新建合成。	

续表

步　　骤	说明或截图
2. 按组合键 Ctrl+D 复制图层，添加“Lumetri 颜色”效果。 在“效果控件”面板对“Lumetri 颜色”效果设置如下。 饱和度：20； 轻-白色：150。	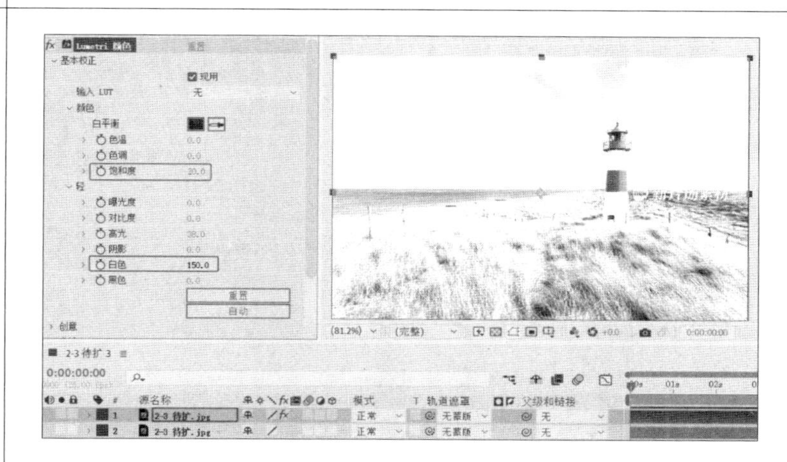
3. 使用“钢笔工具”绘制如图所示的蒙版并执行“反转”。 调整“蒙版羽化”项的值为 113 左右。	
4. 将图层混合模式设置为“强光”，以增强地面积雪效果。	

续表

步　　骤	说明或截图
5. 按组合键 Ctrl＋Y，新建一个纯色图层，设置颜色为“白色”。	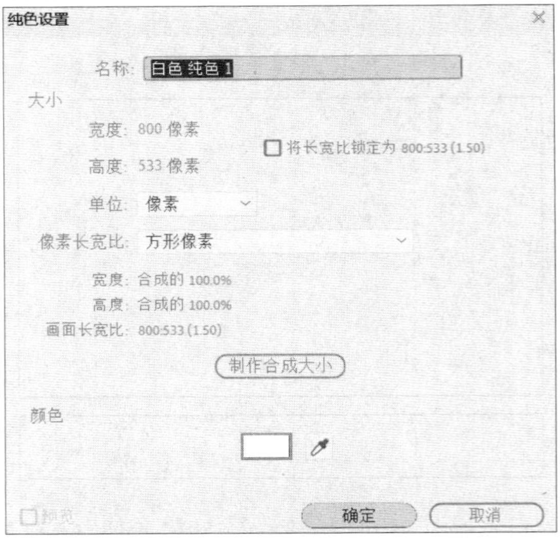
6. 添加 CC Snowfall 效果。 在“效果控件”面板，对 CC Snowfall 效果的多项参数设置如右图所示。	
7. 选中三个图层，按组合键 Ctrl＋Shift＋C，进行“预合成”。	

续表

<table>
<tr><th>步　　骤</th><th>说明或截图</th></tr>
<tr><td>8. 从“项目”面板将原素材图片拖拽至图层。选中图层，右击，在弹出的菜单中选择“蒙版”→“新建蒙版”命令。</td><td>
</td></tr>
<tr><td>9. 间隔 5s，在“蒙版路径”项添加两个关键帧，设置蒙版形状从左至右由矩形演变为一根直线，完成图片由春天到冬天的季节转换。</td><td></td></tr>
</table>

任务评价

1. 自我评价

☐ 基于所选项新建合成　　☐ “Lumetri 颜色”效果设置

☐ CC Snowfall 效果设置　　☐ 更改图层混合模式

☐ “钢笔工具”建立蒙版　　☐ “反转”蒙版及羽化

☐ 基于图片新建蒙版　　☐ 制作“蒙版路径”动画

2. 教师评价

工作页完成情况：☐ 优 ☐ 良 ☐ 合格 ☐ 不合格

任务八　动态背景

子任务1　粒子

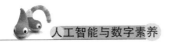

班级：________姓名：________日期：________地点：________学习领域：After Effects

任务目标

1. 会添加并设置“四色渐变”效果。
2. 会添加并设置“分形杂色”效果。
3. 会设置“分形杂色”动画。
4. 会添加并设置 CC Particle World、CC Particle Systems Ⅱ效果。
5. 掌握多种图层混合模式设置。

任务导入

为专业教学资源库创作更多的原创及动态素材，丰富课程资源。

任务准备

登录各大平台，搜集 AE 常见的动态粒子特效作品，拓宽创作思路。

任务实施

步　　骤	说明或截图
1. 启动 AE 新建一个纯色图层，添加“四色渐变”效果。	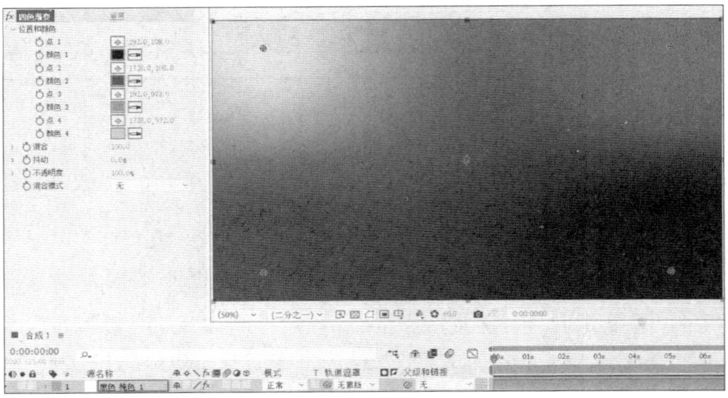

续表

步　　骤	说明或截图
2. 在“效果控件”面板中设置如右图所示的四色。	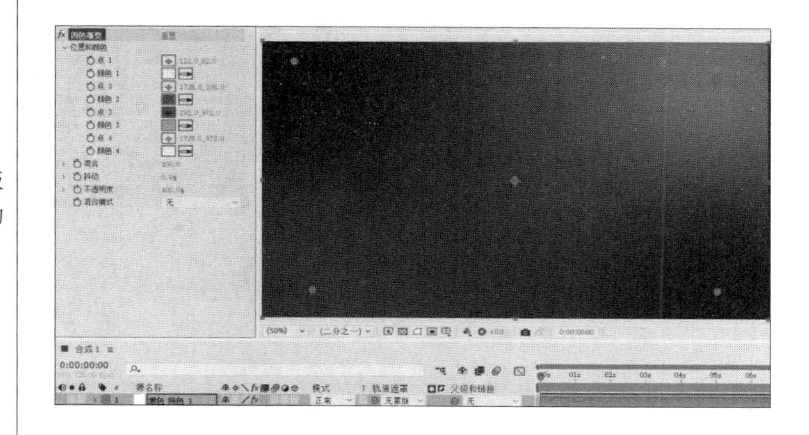
3. 继续新建一个纯色图层，添加“分形杂色”效果。	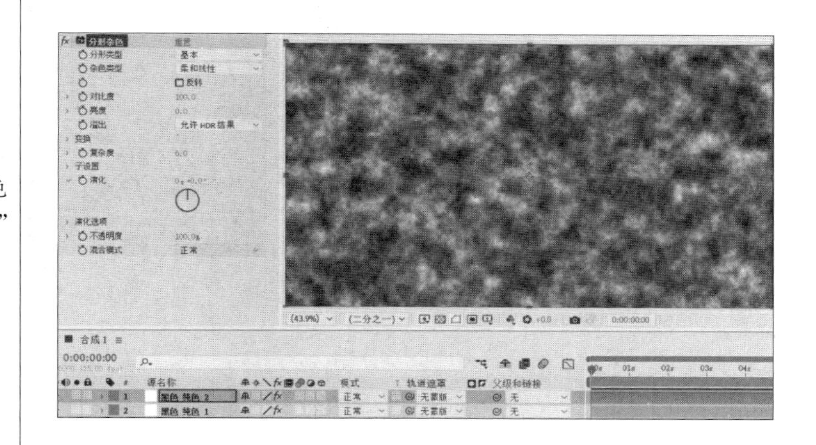
4. 在“效果控件”面板对“分形杂色”效果参数进行设置，如右图所示。在“合成”的首、尾处，对“演化”项打上两个关键帧，设定数值为 0～1。更改图层的混合模式为“颜色减淡”。	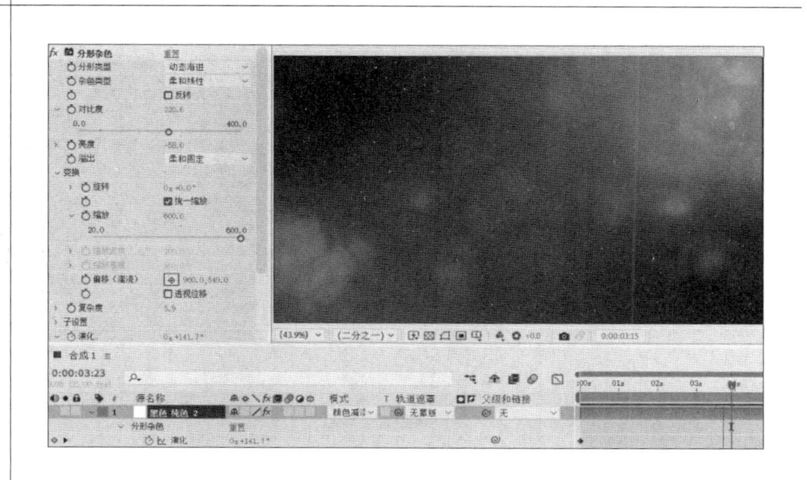

续表

步　骤	说明或截图
5. 继续新建一个纯色图层，设置颜色为“白色”。 添加 CC Particle World 效果。	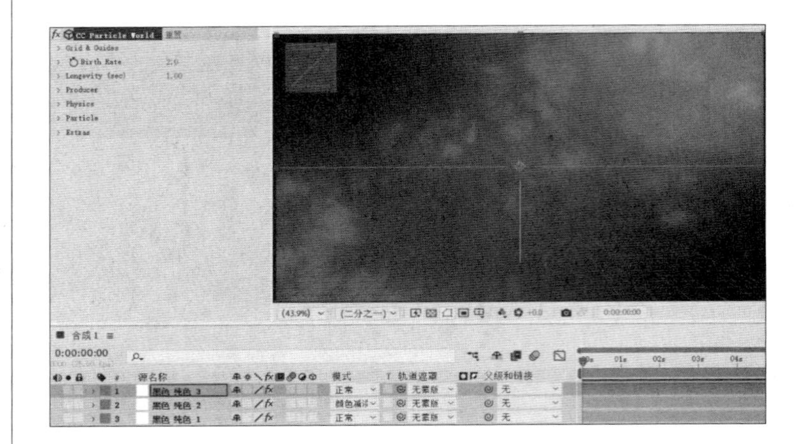
6. 在“效果控件”面板，对 CC Particle World 效果主要参数设置如下。 Physics→Gravity：−0.330； Particle→Particle Type：Lens Fade。	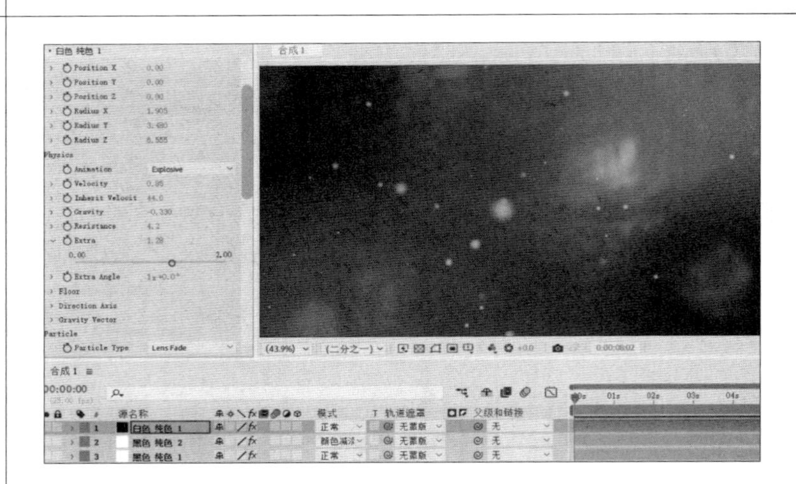
7. 更改图层混合模式为“经典颜色减淡”。	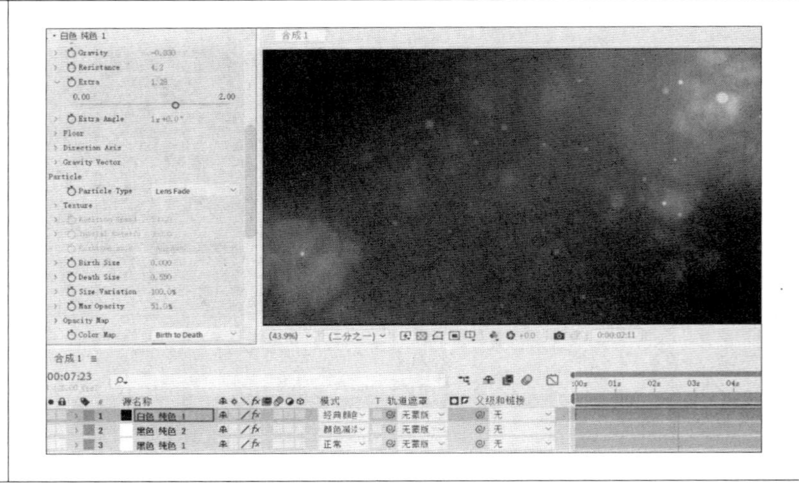

续表

步　　骤	说明或截图
8. 在纯色图层上添加 CC Particle Systems Ⅱ 效果，也能制作类似的动态粒子背景。	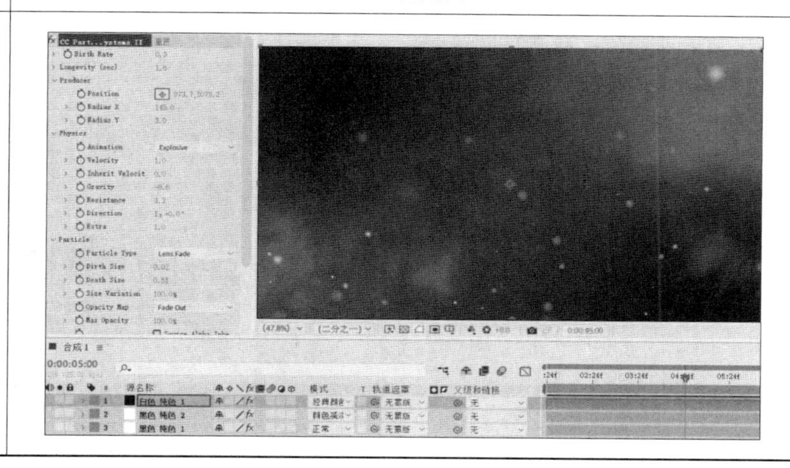

任务评价

1. 自我评价

□“分形杂色”效果　　□“分形杂色”动效

□“四色渐变”效果及其设置　　□ AE 内外插件制作粒子效果

□ CC Particle World-Physics 项　　□ CC Particle World-Particle 项

□ CC Particle Systems Ⅱ 效果　　□ 多种类型图层混合模式设定

2. 教师评价

工作页完成情况：□ 优 □ 良 □ 合格 □ 不合格

子任务 2　流动

班级：________姓名：________日期：________地点：________学习领域：After Effects

任务目标

1. 会基于所选项新建合成。
2. 会设置“分形杂色”双项动效。
3. 会使用“置换图”效果。
4. 绘制图层蒙版限定“置换图”应用区域。
5. 进一步掌握图层复制、独显和隐藏操作。

任务导入

为专业教学资源库创作更多的原创及动态素材，丰富课程资源，提高课堂教学绩效。

任务准备

准备用于制作水面荡漾的静态图片。

任务实施

步　骤	说明或截图
1. 启动 AE，导入两张图片素材。 基于所选项新建合成。	
2. 新建一个纯色图层，添加“分形杂色”效果。	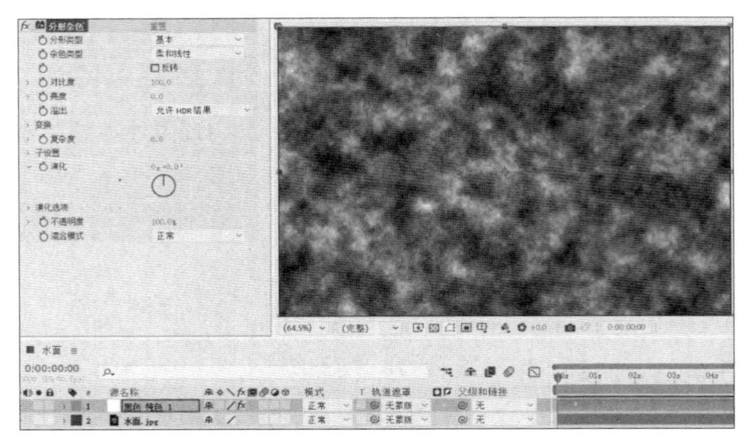
3. 在“效果控件”面板，对“分形杂色”效果的相关参数进行以下调整。 对比度：224.0； 亮度：15.0； 统一缩放：不勾选； 缩放宽度：290.9； 缩放高度：20.0。	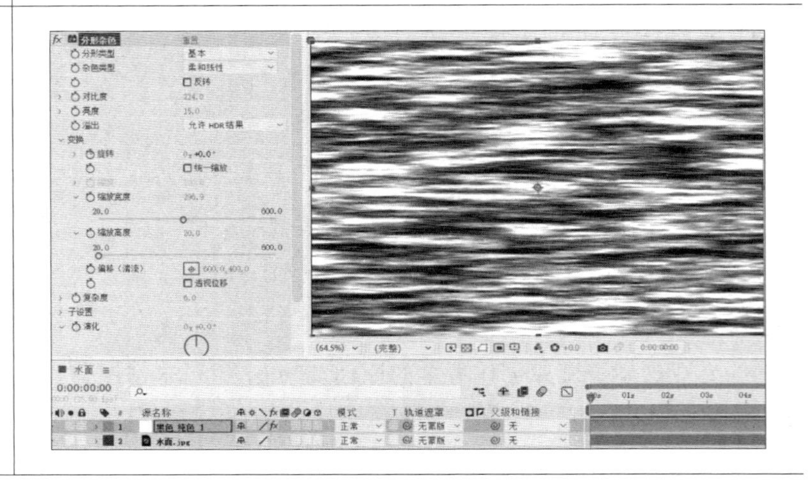

续表

步　　骤	说明或截图
4. 在合成的首、尾处，对“分形杂色”效果的偏移、演化两项添加两个关键帧，制作动效。	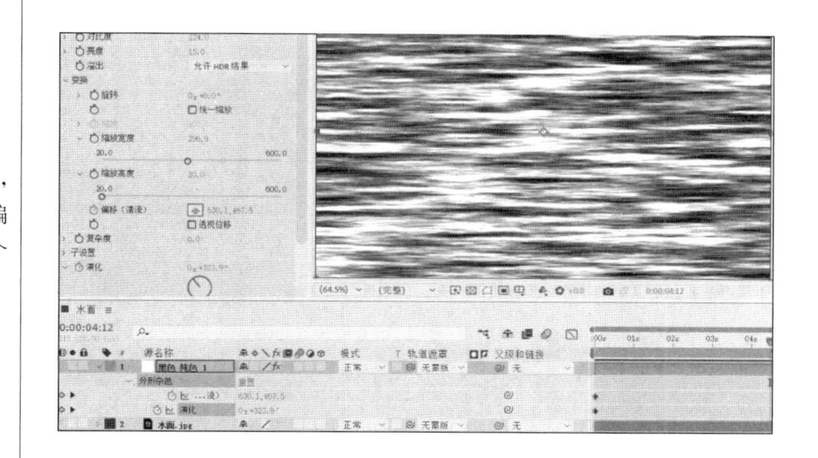
5. 选中水面图层，按组合键 Ctrl＋D 复制一份，在图层设置为“独显”。 添加“置换图”效果，在“效果控件”面板，设置“置换图层”项：黑色纯色 1、效果和蒙版。	
6. 取消图层“独显”，选中纯色图层，使用“钢笔工具”绘制图层蒙版。	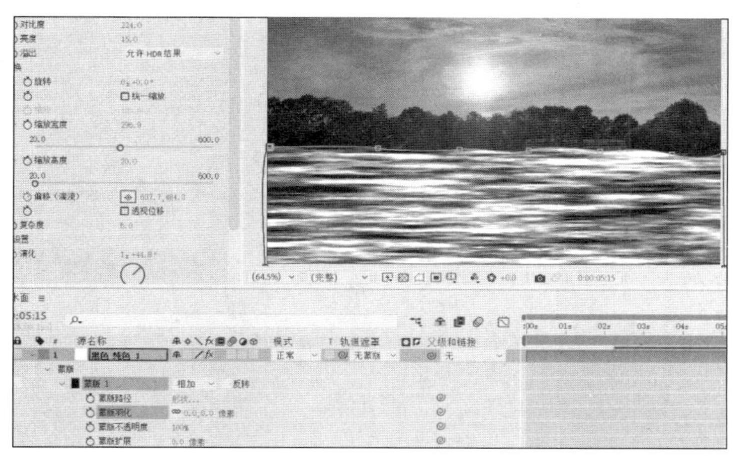

续表

步　骤	说明或截图
7. 调整“蒙版羽化”项的数值为56左右再将其隐藏，完成水波荡漾动效制作。	

任务评价

1. 自我评价

□ “分形杂色”→“变换”项　　□ “分形杂色”→“偏移”项

□ “分形杂色”→“演化”项　　□ “偏移”+“演化”双项动效

□ “置换图”效果应用场合　　□ “置换图”效果设置

□ 设置图层“独显”　　□ 设置图层“蒙版”

2. 教师评价

工作页完成情况：□ 优 □ 良 □ 合格 □ 不合格

模块三结构图

模块三　交互式技术
任务一　希沃白板
知识胶囊
手机投屏
手机直播
视频剪辑
任务二　万彩演示大师
镜头帧
幻灯片
课堂
交互组件
任务三　万彩VR
组件
交互点
文字
动画
角色
音乐
任务四　Kivicube
合辑
场景
图像AR
识别图
模型
音频
保存
预览
任务五　优芽
互动
普通试题
游戏试题
任务六　超级黑板
签到
课件
投屏
线上课堂

模块三

交互式技术

任务一 希沃白板

班级：________姓名：________日期：________地点：________学习领域：手机投屏、知识胶囊

任务目标

1. 学会希沃白板客户端的安装、注册、登录。
2. 学会在手机上安装希沃白板 App。
3. 掌握手机端传屏和摄像功能的使用方法。
4. 学会在视频中插入交互式习题。

任务导入

希沃白板以其高效的备课体验和丰富的教学工具，在当下的互动教学中独树一帜，且功能还在不断进化和完善。

任务准备

安装希沃白板客户端和移动端，了解公网投屏和局域网投屏的区别，学会知识胶囊的生成。

任务实施

步　　骤	说明或截图
1. 在 PC 端运行希沃白板 5，输入注册的账号、密码，进入希沃白板主界面。	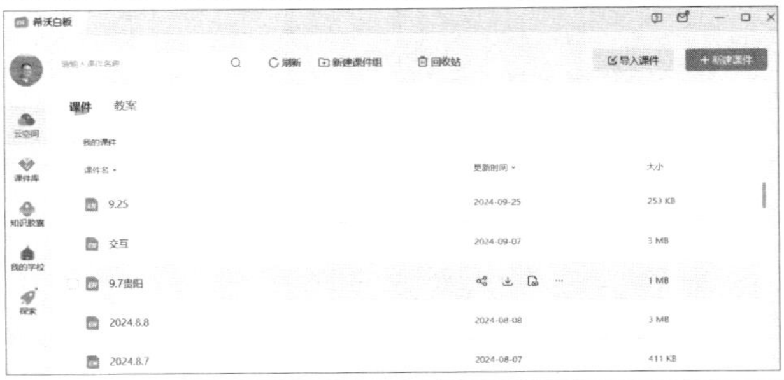

续表

<table>
<tr><th>步　　骤</th><th>说明或截图</th></tr>
<tr><td>2. 在移动端运行希沃白板 App，单击下方的“工作台”按钮，进入“工作台”界面。
在“设备互联”项出现“手机投屏”按钮。</td><td>

→

</td></tr>
<tr><td>3. 单击“手机投屏”按钮，进入“手机投屏”界面，默认投屏方式为公网投屏。
其中还包括传屏和摄像两个功能按钮。
注：公网投屏和局域网投屏的区别为后者需要连接同一 Wi-Fi。</td><td>
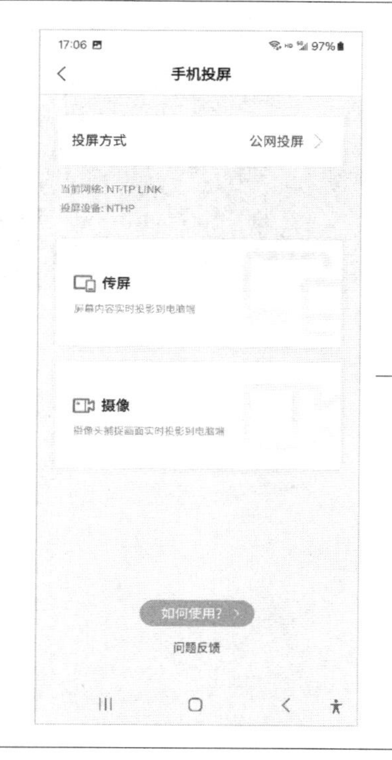

→
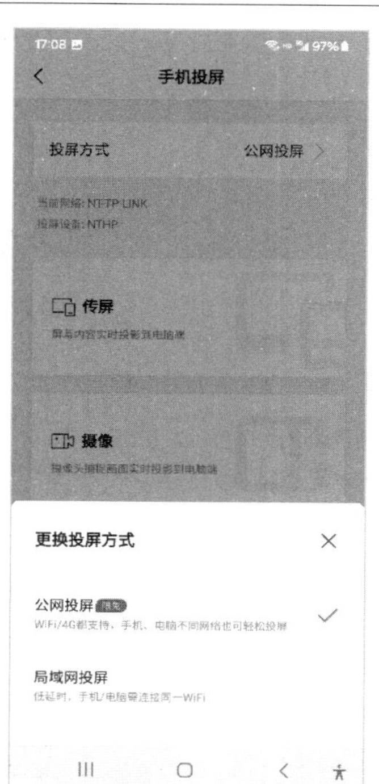

</td></tr>
</table>

续表

步　骤	说明或截图
4. 单击步骤 3 中的“传屏”按钮，可将手机画面同步传送至 PC 端，实现屏幕共享。	
5. 单击步骤 3 中的“摄像”按钮，可将手机作为摄像头，同步传送画面至 PC 端，实现屏幕共享。	
6. 单击步骤 2 中希沃白板主界面左侧的“知识胶囊”，进入知识胶囊主界面。 单击“视频剪辑”按钮，进入其工作界面，可在视频播放过程中自由添加互动。	

续表

步　　骤	说明或截图
7. 在知识胶囊工作界面，导入一段本地的视频素材，将其添加至轨道。	
8. 移动播放头至视频中部某个位置，单击“习题”标签，准备创建一个选择题。	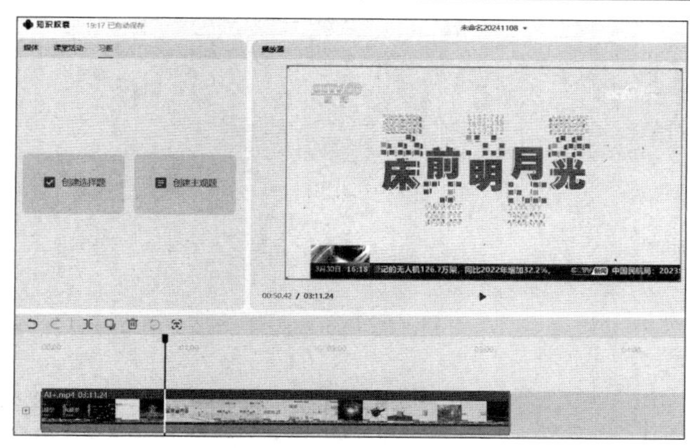
9. 在“添加选择题”对话框中选择“自定义”，输入题干、选项及答题时间。 单击“添加至素材库”按钮，将编写的习题入库。	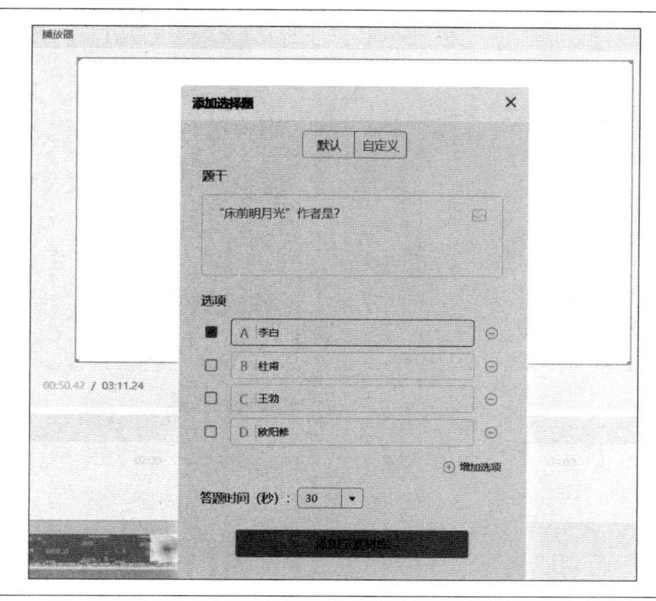

续表

步　　骤	说明或截图
10. 单击“添加到轨道”按钮，将习题插入播放头当前所在的位置。	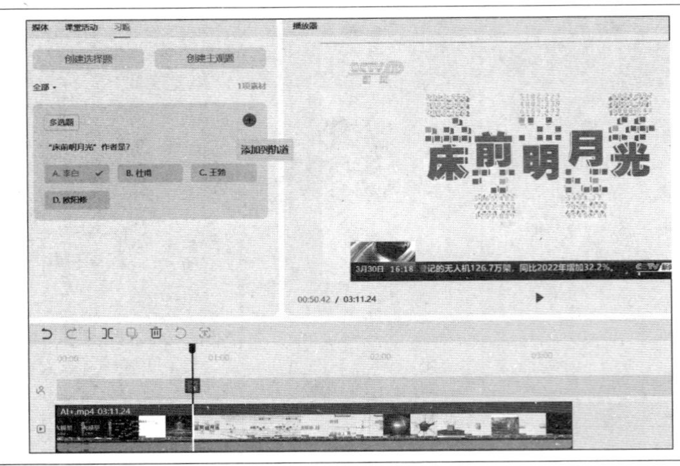
11. 当视频播放至习题处会自动停止播放，弹出习题，实现“教-学-评”一体化。	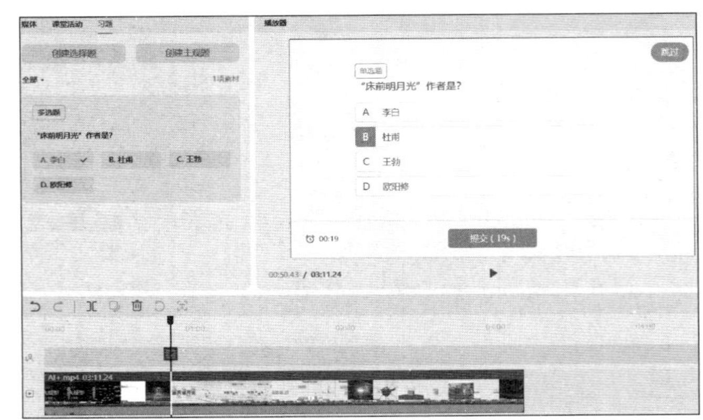
12. 单击右上角的“生成胶囊”按钮，完成交互式知识胶囊的生成，可使用链接或二维码进行访问。	

任务评价

1. 自我评价

☐ 安装希沃白板　　☐ 希沃“投屏”

☐ 希沃“摄像”　　☐ 安装并运行“知识胶囊”

☐ 在视频中插入互动习题　　☐ 生成知识胶囊二维码

2. 教师评价

工作页完成情况：☐ 优 ☐ 良 ☐ 合格 ☐ 不合格

任务二　万彩演示大师

班级：________ 姓名：________ 日期：________ 地点：________ 学习领域：交互式课件

任务目标

1. 学会万彩演示大师（Focusky，FS）的下载、安装、注册和登录。
2. 掌握 FS“课堂”设置。
3. 掌握 FS“交互组件”设置。
4. 输出课堂、交互组件供交互练习。

任务导入

FS 是一款不同于 PPT 的演示工具，它是在像天空一样的无限画布中，让视觉传达更加生动和精彩，尤其是它的交互设计是 PPT 无法比拟的。

任务准备

安装并登录 FS，观摩其优秀作品，注意它与 PPT 的不同操作风格。

任务实施

步　　骤	说明或截图
1. 登录 Focusky 官网，在 PC 上下载并安装 FS 软件。 注册、登录之后，进入 FS 编辑界面。 单击“新建工程”按钮，打开相应的对话框。	↓

续表

<table>
<tr><th>步　　骤</th><th>说明或截图</th></tr>
<tr><td>1.（续）
单击“创建空白项目”按钮，进入 FS 的工作界面。</td><td>
</td></tr>
<tr><td>2. 在 FS 的工作界面上方集成了一排功能按钮，用于交互设计的有课堂、交互组件和交互三个按钮。</td><td>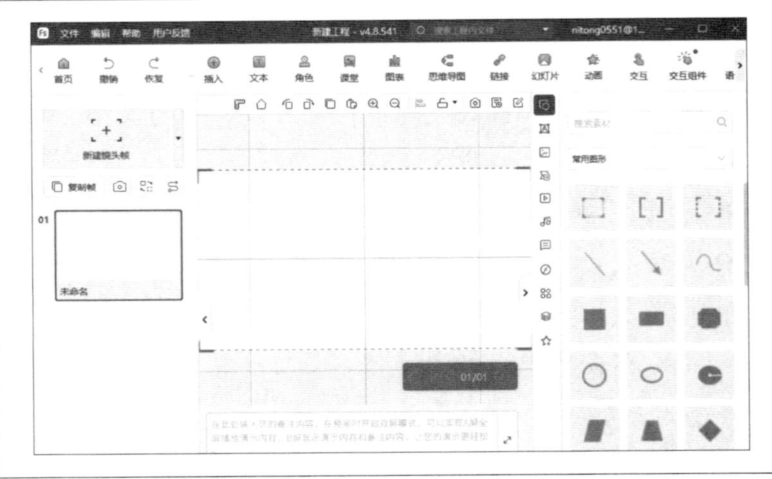
</td></tr>
<tr><td>3. 单击“课堂”按钮，在展开的功能面板中单击“互动游戏”标签，展开二级功能面板。
在“记忆匹配”标签下，双击“认识小动物”按钮，进入下一个编辑画面。</td><td>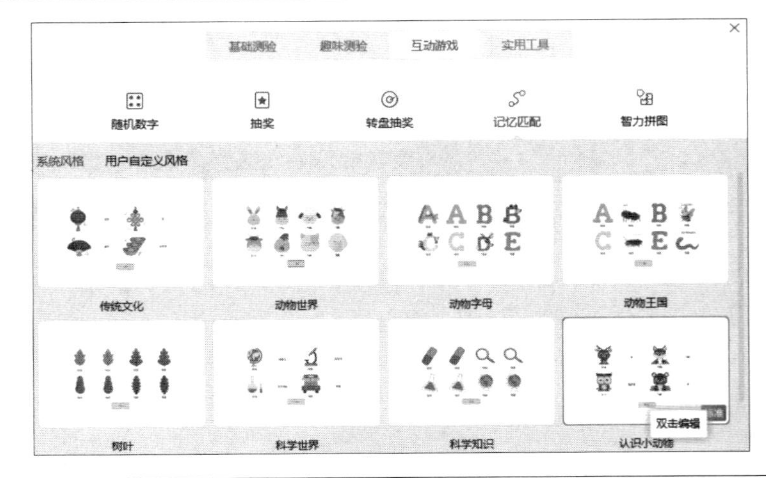
</td></tr>
</table>

续表

步　　骤	说明或截图
4. 在“认识小动物”编辑界面，对匹配的对象进行设定。 左边：图片＋中文； 右边：英文单词。 游戏规则如下。 要求图、中文和英文相匹配。	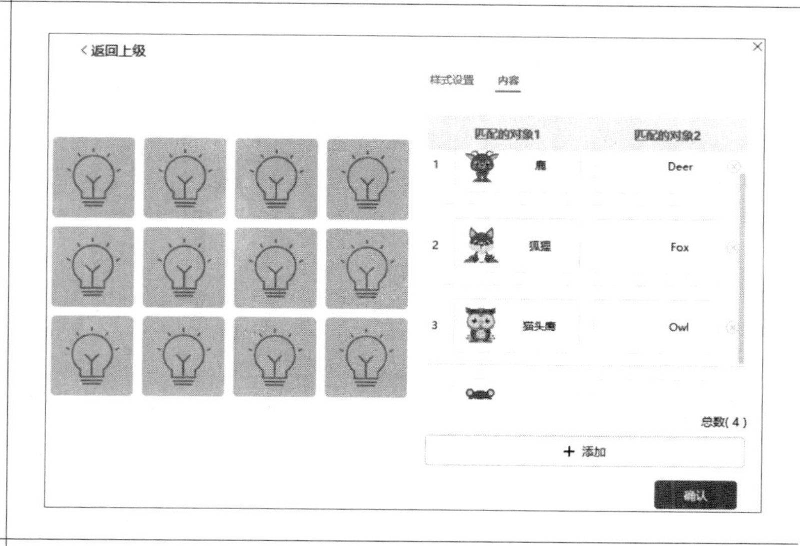
5. 在匹配的对象内容设置完成之后，单击“确认”按钮，将互动游戏→认识小动物插入当前画面。	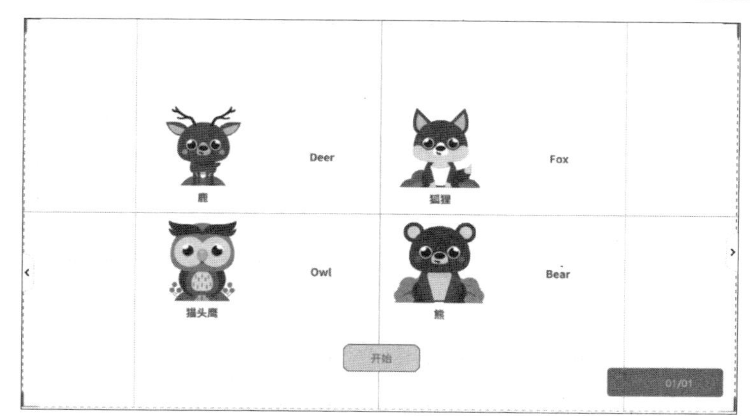
6. 单击“预览”按钮，进入互动游戏的操作界面。 单击“开始”按钮，启动“认识小动物”匹配图文游戏。	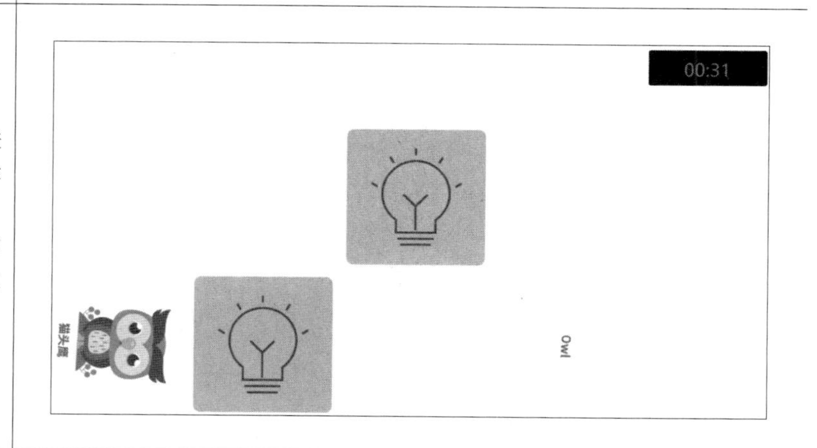

续表

步　　骤	说明或截图
7. 单击左侧的“新建镜头帧”按钮，新建一个镜头帧，准备用于“交互组件”制作。	新建镜头帧 复制帧 01 未命名 02 未命名 Deer Fox 鹿 狐狸 Owl Bear 猫头鹰 熊 开始 01/02
8. 单击 FS 主界面上的“交互组件”按钮，单击一个 4 张图片组件，打开相应的“图文组件”对话框。 在其中可对预设的图文进行裁剪、替换和编辑操作。	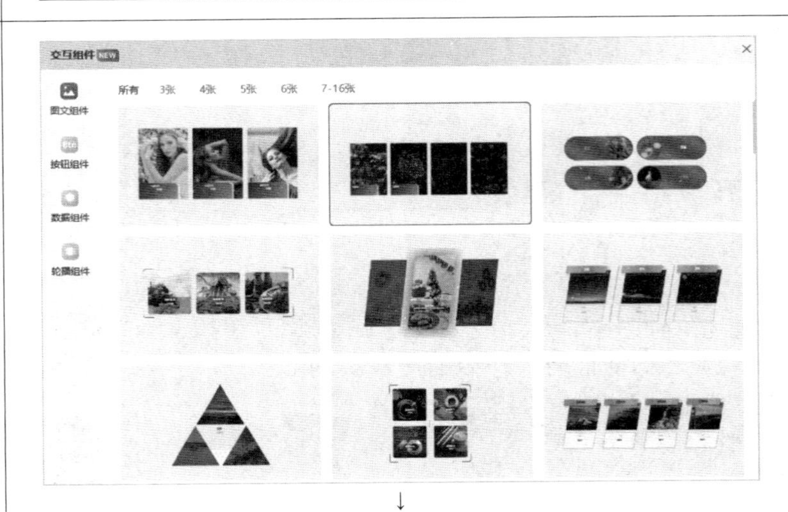 ↓ 图文组件 * 图片　文本标题　正文内容　操作 1.　标题文本 4/12　内容文本 4/80　重置 2.　标题文本 4/12　内容文本 4/80　重置 3.　标题文本 4/12　内容文本 4/80　重置 4.　标题文本 4/12　内容文本 4/80　重置 保存

续表

步　骤	说明或截图
9. 在 4 张图片、文本标题和正文内容编辑完成之后，单击“保存”按钮，完成图文组件的编辑。	
10. 单击“预览”按钮，进入图文组件的交互操作界面。 单击其中的某张“图片”按钮，可将其点亮并出现相应的文字说明。	
11. 单击 FS 主界面上的“输出”按钮，打开“格式输出”对话框。 单击“输出到云”按钮，可将 FS 所生成的互动教学作品以二维码或网址的形式进行分享。	格式输出 EXE应用程序 视频 专业/标准版 图片 PPT 专业版 PDF H5网页 压缩文件 输出到云 Windows应用程序(.exe) 通过输出Winodws应用程序，你可以随时随地的给你的听众做演讲 保存到文件 C:\Users\Administrator\focusky\11.10.exe 浏览 打开 标题 11.10 展示设置 分享设置 关于设置 版本 32位 64位 窗口大小 全屏模式 自定义 取消 输出

续表

步　骤	说明或截图
11.（续） 作品输出成功。	作品输出成功 查看展示（Flash）　查看展示（html5） 复制链接　嵌入网站 http://fs.focusky.com.cn/nhzr/vaob/index.html 重新输出　关闭

任务评价

1. 自我评价

☐ 安装并运行 Focusky　　☐ 添加并设置“课堂”

☐ “预览”交互操作　　☐ 添加并设置“镜头帧”

☐ 添加并设置“图文组件”　　☐ 输出交互组件

2. 教师评价

工作页完成情况：☐ 优 ☐ 良 ☐ 合格 ☐ 不合格

任务三　万　彩　VR

班级：________姓名：________日期：________地点：________学习领域：VR 全景

任务目标

1. 学会万彩 VR 的下载、安装、注册和登录。
2. 理解全景图制作的工作原理。
3. 掌握全景图中交互点的设置方法。
4. 能在全景图中添加文字、角色和音乐。

任务导入

万彩 VR 是一款实用的 VR 全景动态场景制作软件，可以导入全景图或选择模板，编辑视角和音乐，输出 360°全景视频。适用于 3D 微课片头、VR 全景片头视频的制作。

任务准备

安装并登录万彩 VR，理解 VR 全景漫游的工作原理。

万

🛠 任务实施

步　　骤	说明或截图
1. 登录万彩 VR 官网，在 PC 端下载并安装万彩 VR 软件。 注册、登录之后，进入万彩 VR 编辑主界面。	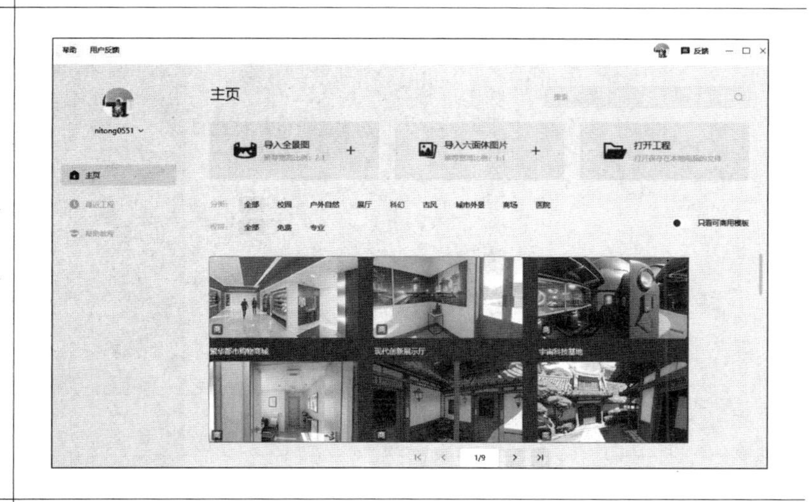
2. 单击“现代创新展示厅”模板，载入模板至当前场景。	
3. 在当前场景中预设了三个场景镜头，可在右侧的“组件”功能面板添加一些交互点。	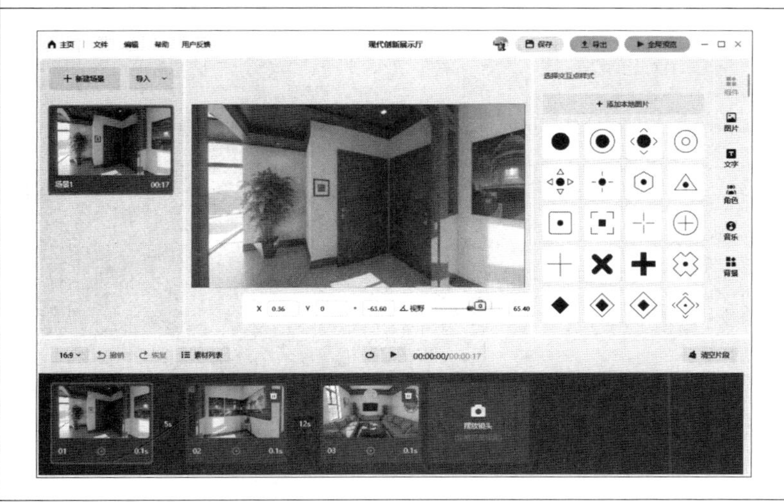

续表

步　　骤	说明或截图
4. 转场景镜头 1，在画面中添加一个交互点，用于图片展示。	
5. 单击“添加图片”按钮，可于本地上传一张 JPG、PNG 或 GIF 格式的图片文件。 播放方式默认为“点击播放”。	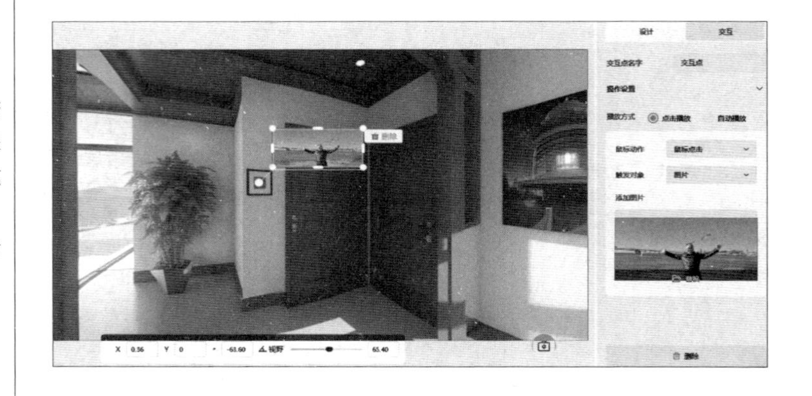
6. 转场景镜头 2，在画面中添加一个交互点，用于视频播放展示。	

续表

步　　骤	说明或截图
7. 转场景镜头 3，使用右侧的“文字”功能面板，输入一行文本并设置相应的属性。	
8. 在文本的“动画”标签，对输入的文本添加一个入场的动画效果。	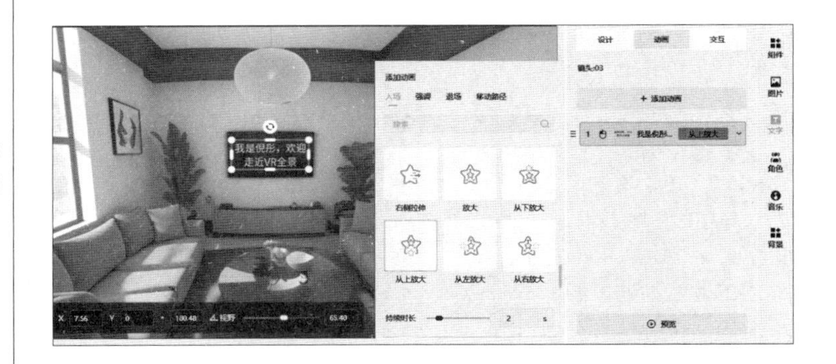
9. 使用右侧的“角色”功能面板，添加一个站立讲解的动画角色并设置相应的属性。	

续表

步骤	说明或截图
10. 使用右侧的“音乐”功能面板，添加一个本地 MP3 格式的音频文件，用作背景音乐。	
11. 单击“导出”按钮，打开“导出视频”对话框。 选择 EXE 格式，这样导出的视频可进行全景漫游。	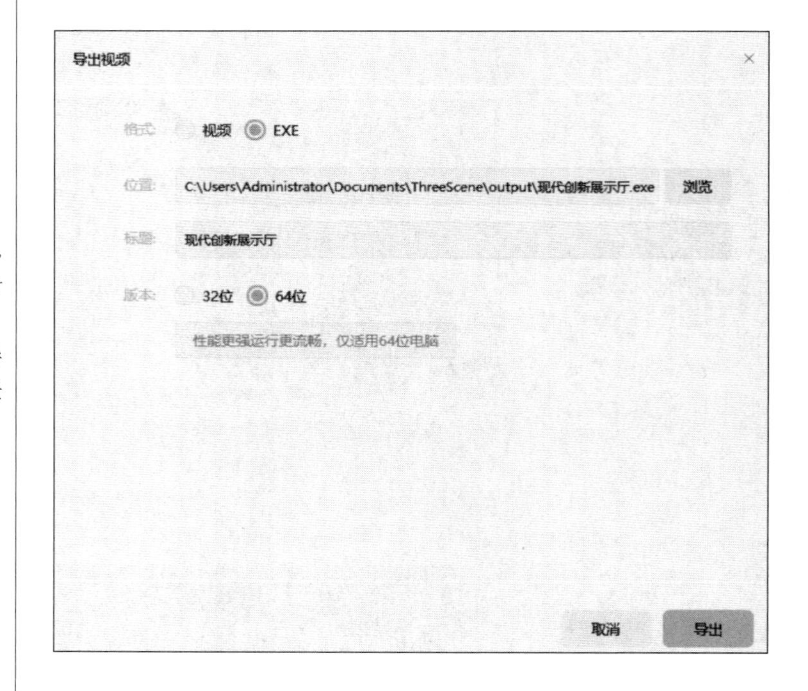

任务评价

1. 自我评价

□ VR 组件　　□ 交互点的添加及设置

□ 添加文本并设置动画　　□ 添加角色

□ 添加背景音乐　　□ 导出 EXE 格式的视频文件

2. 教师评价

工作页完成情况：□ 优 □ 良 □ 合格 □ 不合格

任务四　Kivicube

班级：________**姓名：**________**日期：**________**地点：**________**学习领域：**WebXR 在线制作

任务目标

1. 学会 Kivicube 打开、注册和登录。
2. 掌握 Kivicube 的工作流程。
3. 掌握图像 AR 的制作方法。
4. 会预览 Kivicube 的制作效果。

任务导入

Kivicube 是一款 AR 在线制作平台，采用可视化在线编辑，助力用户零基础创建自己的 AR/3D 场景，并一键分发至网页端和小程序端。

任务准备

安装并设置 Kivicube 的作业环境，在抖音和 B 站观摩 Kivicube 的经典作品并下载其相应的素材。

任务实施

步　　骤	说明或截图
1. 打开 Kivicube 网页 https://cloud.kivicube.com/templates，注册、登录，进入工作界面。	

续表

步　　骤	说明或截图
2. 单击步骤 1 图中右上角的“新建合辑”按钮，选择合辑类型为“图像 AR”，再单击“保存”按钮。	新建合辑 合辑类型 图像AR 图像AR 云识别/陀螺仪 3D互动/身体AR 平面AR/漫游AR 世界AR 地标AR g、jpeg、png、gif格式 1尺寸的图片 '0*270像素 取消　保存
3. 单击“创建空白场景”按钮，打开相应的对话框。 命名场景，再上传一张图片作为 AR 扫描的识别图，单击“立即制作”按钮，进入“图像 AR”制作。	 ↓ 

续表

步　骤	说明或截图
4. 在“模型”类公共素材中模糊检索“鱼”。将其中的鱼群、鲨鱼两个对象拖拽至识别图之上。	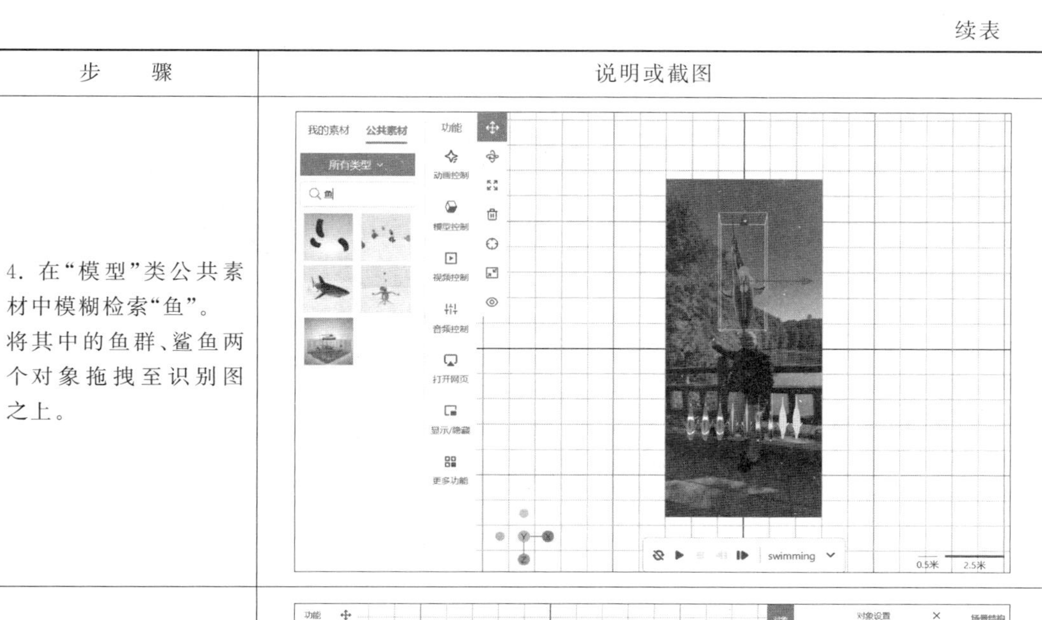
5. 使用功能区的“旋转”工具，调整鱼群、鲨鱼两个对象的视角，如右图所示。	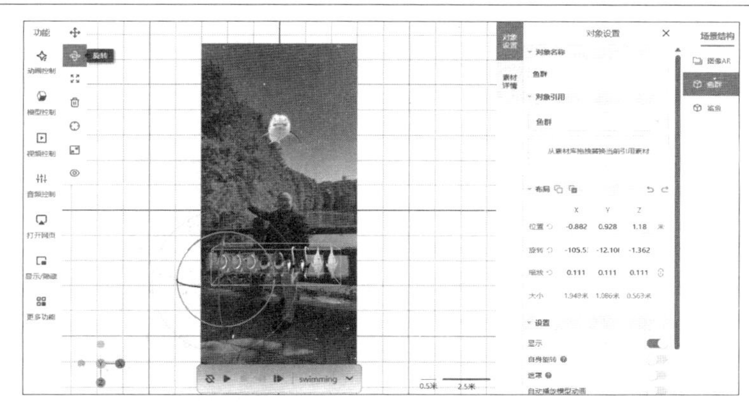
6. 在右侧的“对象设置”面板，设定鱼群、鲨鱼两个模型对象“自动播放模型动画”“循环播放”，如右图所示。	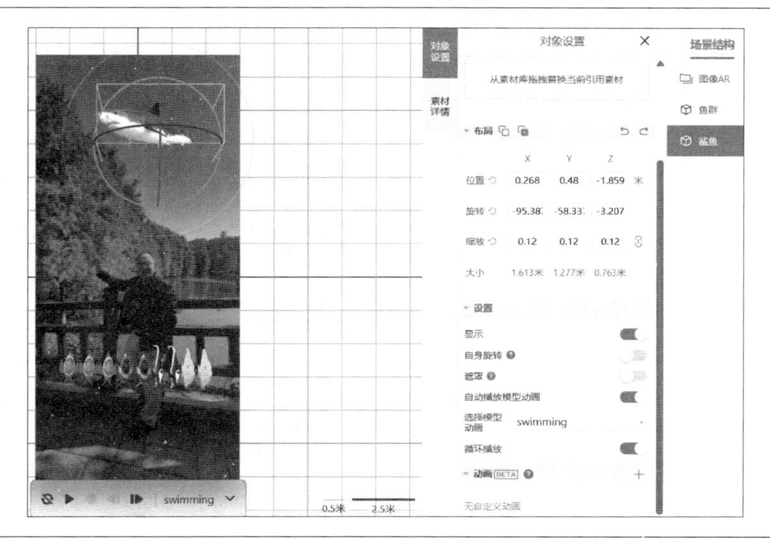

续表

步　骤	说明或截图
7. 单击左侧的“音频”按钮，从“公共素材”中添加一个 MP3 格式的音频文件。 单击“音频控制”按钮，设定音频播放“触发条件”等。	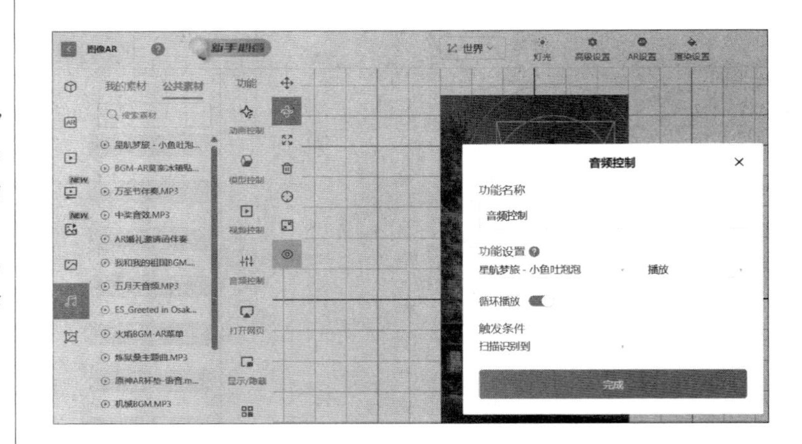
8. 单击“缩放”按钮，可对两个模型对象进行缩放处理。 单击“高级设置”按钮，打开“陀螺仪”开关。	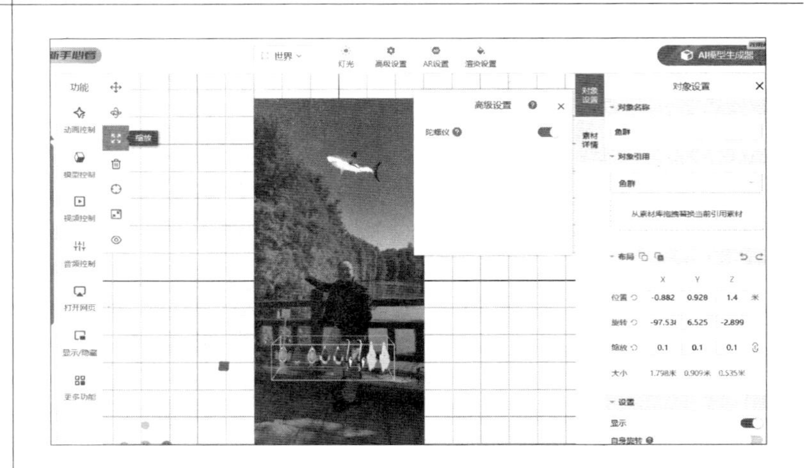
9. 单击“保存”按钮，存储“图像 AR”的制作结果并生成二维码。	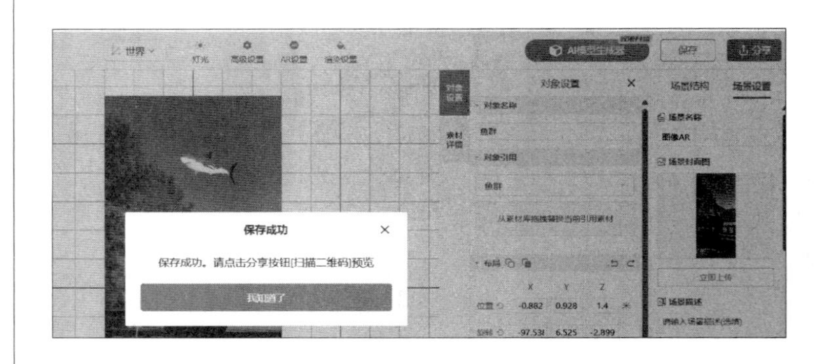

续表

<table>
<tr><th>步　　骤</th><th>说明或截图</th></tr>
<tr><td>10. 返回 Kivicube 主界面，在“我的场景|所有场景”中单击“预览”按钮，展开“场景预览”对话框。
使用微信扫描二维码，然后将手机出现的矩形框对准识别图。</td><td>

↓

</td></tr>
</table>

续表

步　　骤	说明或截图
11. 在手机屏幕上出现“图像 AR”动效并播放背景音乐。	

任务评价

1. 自我评价

□ Kivicube 工作流程　　□ 新建合辑、场景

□ 上传识别图　　□ 在“公共素材”中添加模型并设置属性

□ 添加并设置背景音乐　　□ 预览 Kivicube 的制作效果

2. 教师评价

工作页完成情况：□ 优 □ 良 □ 合格 □ 不合格

任务五　优　　芽

班级：________ 姓名：________ 日期：________ 地点：________ 学习领域：交互试题

任务目标

1. 学会优芽(Yoya)网页的打开、注册和登录。

2. 熟悉 Yoya“互动”功能面板的构成。

3. 学会计时器的制作方法。

4. 学会单选、多选和判断等客观题的制作方法。

5. 掌握游戏试题制作方法并分享。

任务导入

在 Yoya 交互动画中所创建的试题,可大大提高学生的学习兴趣并可对学习效果进行动态检测。

任务准备

复习模块二任务三学过的 Yoya 交互动画,做好两者之间的衔接。

任务实施

步　　骤	说明或截图
1. 打开 Yoya 网页 https://www.yoya.com/,注册并登录。 单击"开始制作"按钮,进入交互动画制作的主界面。	
2. 单击"空白创建"按钮,输入动画名称,进入交互动画制作的工作界面。	

续表

步　　骤	说明或截图
3. 单击“互动”标签，展开相应的功能面板，其中包括互动、普通试题和游戏试题三项。	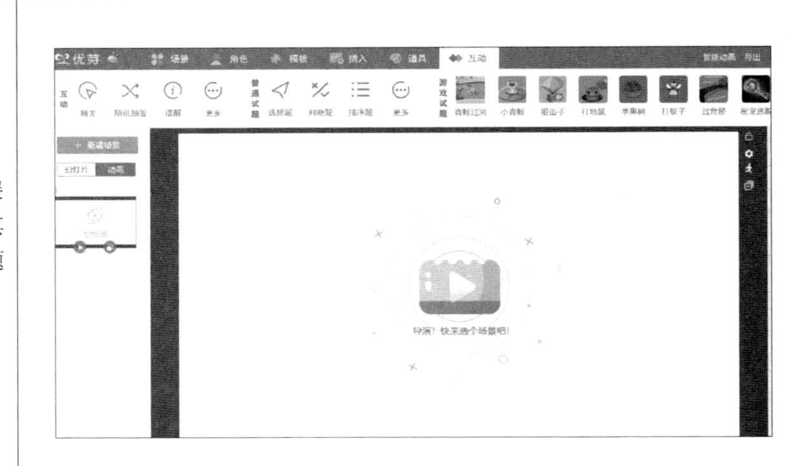
4. 单击步骤3中“互动”项的“更多”按钮，可添加一个倒计时器，倒计时时间可自定义。	 ↓ 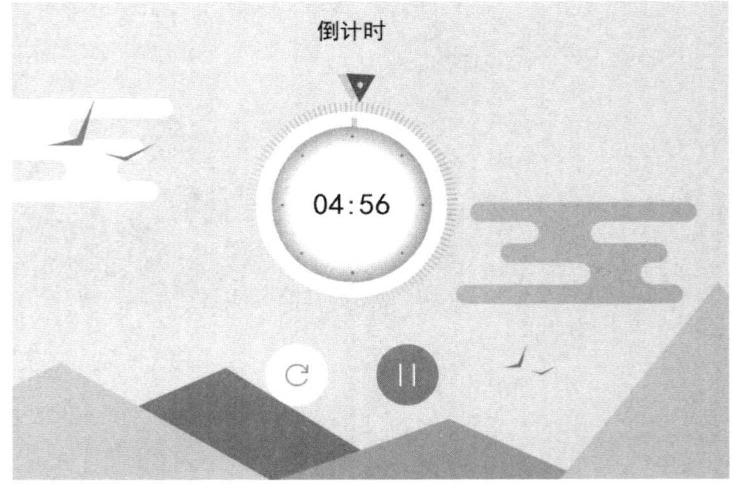

续表

步　　骤	说明或截图
5. 单击步骤 3 中“普通试题”项的“选择题”按钮，上传一张图片，输入题干和选项。 交互试题呈现的效果如右图所示。	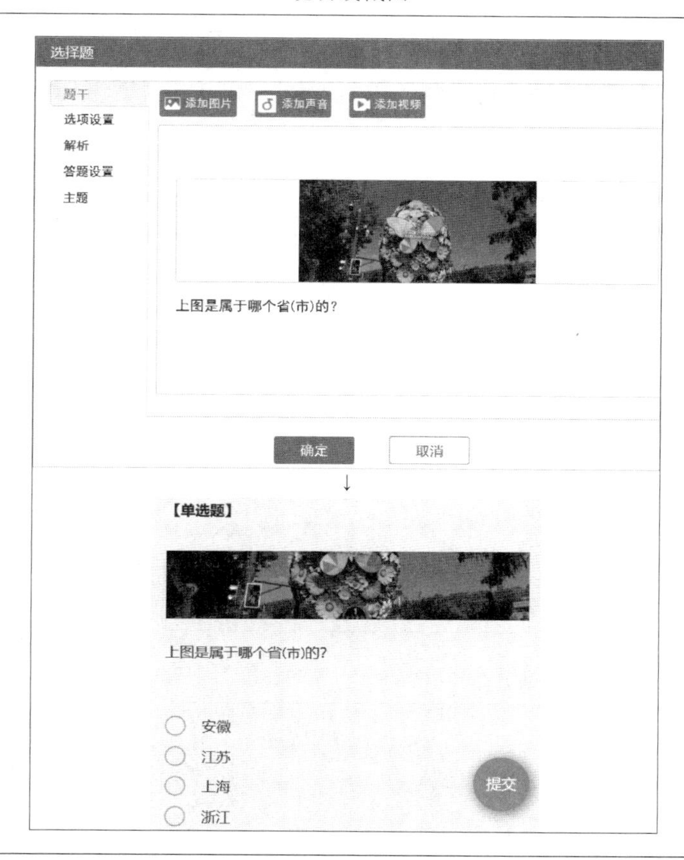
6. 单击步骤 3 中“游戏试题”项的“小青蛙”按钮，输入题干和选项。	小青蛙 游戏类型： 青蛙过河 小青蛙 狙击手 打地鼠 题目设置：（最多可输入300字符，还可以输入273字符） ChatGPT是______公司开发的大模型。 选项设置：（每项限定20个字符内，还可以输入14字符） 选项A：Microsoft 选项B：Adobe 选项C：OpenAI 选项D：Google 详细设置 答案解析：（最多可输入500字符，还可以输入500字符） 确定　取消

续表

步　骤	说明或截图
7. 单击右侧的“从当前动作开始播放”按钮，呈现“小青蛙”游戏试题的交互效果。	
8. 单击右上角的“分享”按钮，打开相应的对话框。 输入作品名称、选定类型、输入标签之后，单击“下一步”按钮，完成Yoya三类交互试题制作。 在审核通过之后，可用二维码或网址对交互试题进行访问。	 ↓ 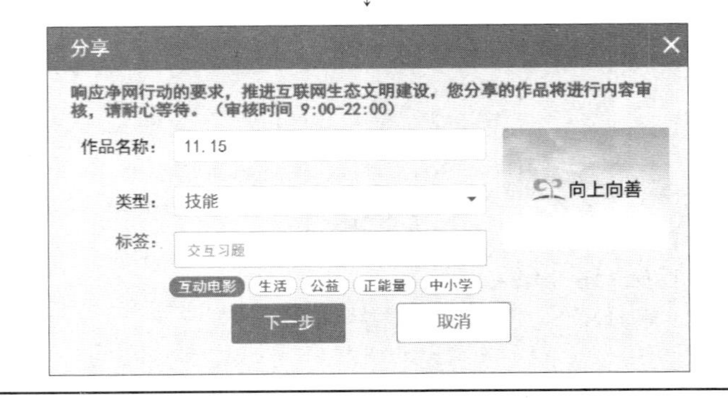

任务评价

1. 自我评价

☐ Yoya 新建场景　　☐ Yoya“交互”面板

☐ 计时器制作　　☐ 普通试题制作

□ 游戏试题制作　　　　　　□ 用二维码分享交互试题

2. 教师评价

工作页完成情况：□ 优 □ 良 □ 合格 □ 不合格

任务六　超级黑板

班级：________姓名：________日期：________地点：________学习领域：互动教学

任务目标

1. 掌握超级黑板的安装、注册和登录。
2. 熟悉“签到”的类型及方法。
3. 会调用各类教学资源在“超级黑板”中授课
4. 学会手机投屏操作。
5. 掌握“超级黑板”的其他互动教学环节设置。

任务导入

“超级黑板”是超星公司于2024年新开发的一款互动教学工具。它基于先进的教育技术，能打造高效的互动课堂，并且操作十分简便。

任务准备

下载“超级黑板”Windows版，安装学习通App。

任务实施

步　　骤	说明或截图
1. 下载“超级黑板”Windows版并安装，使用学习通App扫描二维码注册并登录，进入超级黑板的主界面。	

续表

步　骤	说明或截图
2. 单击主界面上的“签到”按钮，进入课程签到或会议签到的界面。此处可设置普通签到或手势签到等。	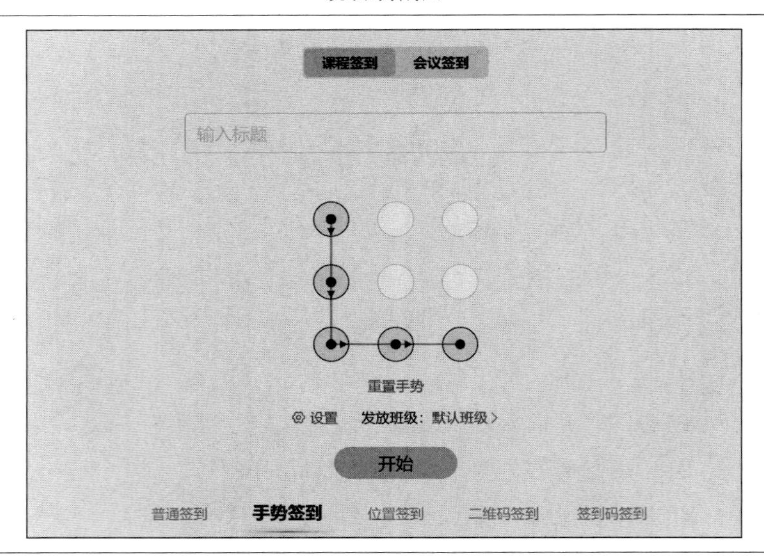
3. 单击主界面上的“课件”按钮，可调用本地、云盘或我的课程中的PPT、PDF或图片等资源进行授课。	
4. 在授课过程中，可使用浮动工具栏上的“画笔”进行注解或注释。	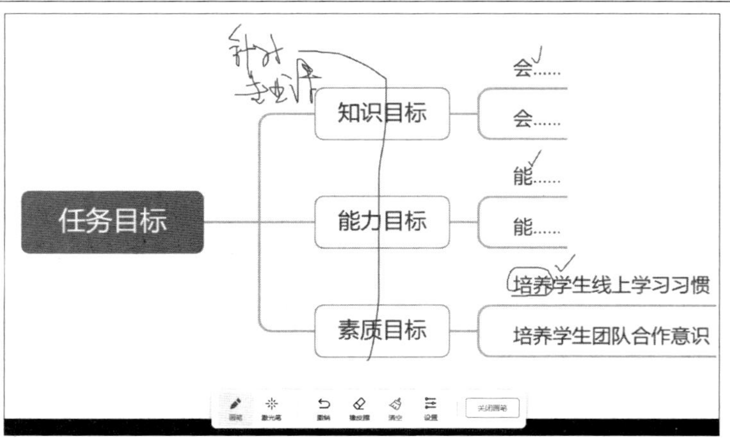

续表

<table>
<tr><th>步　　骤</th><th>说明或截图</th></tr>
<tr><td>5. 在授课过程中，可使用浮动工具栏上的“活动”进行选人、投票、抽签和计时器等互动环节设置。</td><td>
</td></tr>
<tr><td>6. 单击主界面上的“投屏”按钮，弹出投屏二维码。
使用学习通 App 扫描二维码后，可实现手机投屏，即将手机操作界面投射到计算机屏幕或显示屏。</td><td>
</td></tr>
<tr><td>7. 单击主界面上的“线上课堂”按钮，可临时发起课堂教学，对开始时间、课堂时长等进行任意设置。</td><td>
</td></tr>
</table>

续表

步　骤	说明或截图
8．单击步骤 7 中的“确定”按钮，出现临时课堂的登录界面。 注：类似腾讯会议。	

任务评价

1．自我评价

☐ “超级黑板”调用　　☐ 学习通 App 安装

☐ 互动→签到　　☐ 互动→课件

☐ 互动→投屏　　☐ 互动→线上课堂

2．教师评价

工作页完成情况：☐ 优 ☐ 良 ☐ 合格 ☐ 不合格

模块四结构图

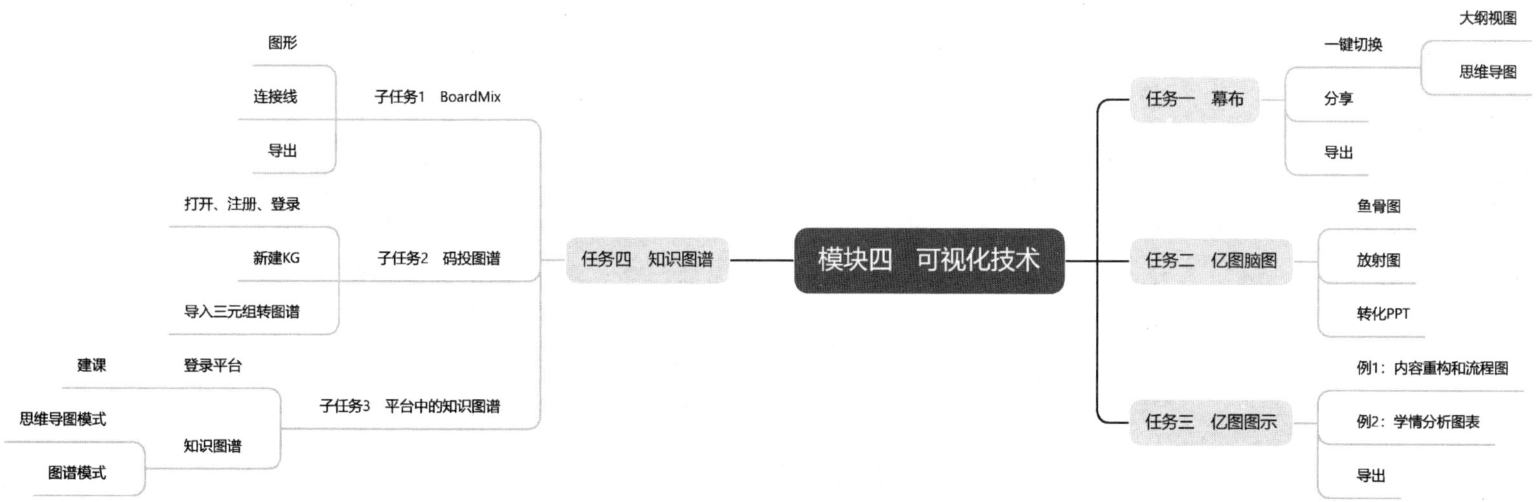

模块四　可视化技术
任务一　幕布
一键切换
大纲视图
思维导图
分享
导出
任务二　亿图脑图
鱼骨图
放射图
转化PPT
任务三　亿图图示
例1：内容重构和流程图
例2：学情分析图表
导出
任务四　知识图谱
子任务1　BoardMix
图形
连接线
导出
子任务2　码投图谱
打开、注册、登录
新建KG
导入三元组转图谱
子任务3　平台中的知识图谱
登录平台
建课
知识图谱
思维导图模式
图谱模式

模块四

可视化技术

任务一　幕　　布

班级：________姓名：________日期：________地点：________学习领域：思维导图

任务目标

1. 学会 PC 版幕布的注册、登录。
2. 在手机上安装幕布 App。
3. 一键切换大纲视图与思维导图。
4. 能正确导出思维导图。

任务导入

幕布，极简大纲笔记，一键生成思维导图。幕布，让工作更专注、更高效。

任务准备

安装幕布及相应的 App，观摩“幕布精选”上的优秀作品，实现从模仿到创新。

任务实施

步　　骤	说明或截图
1. 输入幕布网址 https://mubu.com/app，打开相应的网页。 输入注册的账号、密码，进入幕布的主界面。	

续表

<table>
<tr><th>步　　骤</th><th>说明或截图</th></tr>
<tr><td>2. 单击“＋”号或在空白区右击，在弹出的菜单中单击“新建文档”按钮，新建一个幕布文档。</td><td>
</td></tr>
<tr><td>3. 输入一行主题文本，右击，在弹出的菜单中选定“插入符号”，可在当前光标处插入一个图形符号。</td><td>
</td></tr>
<tr><td>4. 输入几行文本，单击右上角的“思维导图”按钮，将文本大纲一键切换成思维导图。</td><td>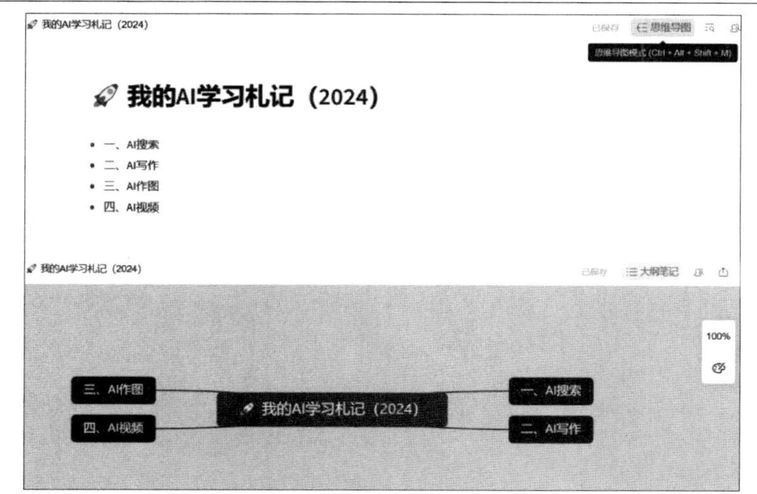
</td></tr>
</table>

续表

步　　骤	说明或截图
5. 单击右侧浮动面板的“结构”按钮，可设置思维导图的结构、颜色等模板属性。	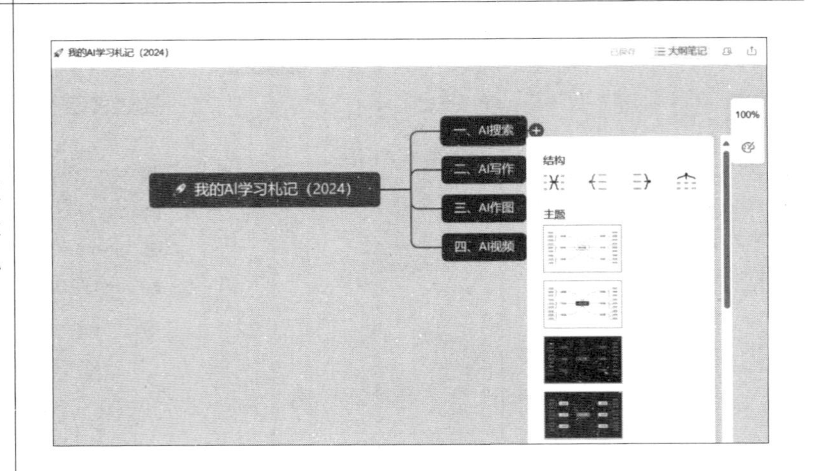
6. 选定一个分支节点，单击浮动面板上的“属性”按钮 A☰，可对文字及链接属性进行更改。	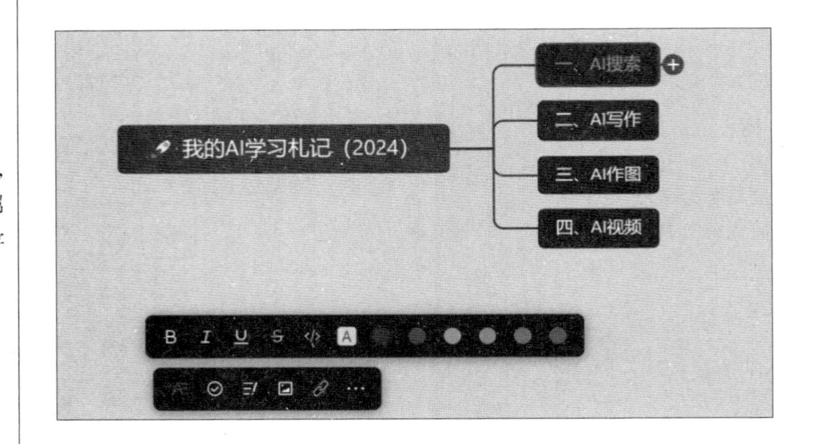
7. 单击右上角的“分享”按钮，可将当前幕布文档以网址链接或二维码的方式进行分享。	

续表

步　　骤	说明或截图
8. 选择“导出/下载”命令，可将幕布文档以图片或 MM 格式文档的形式，导出至本地。	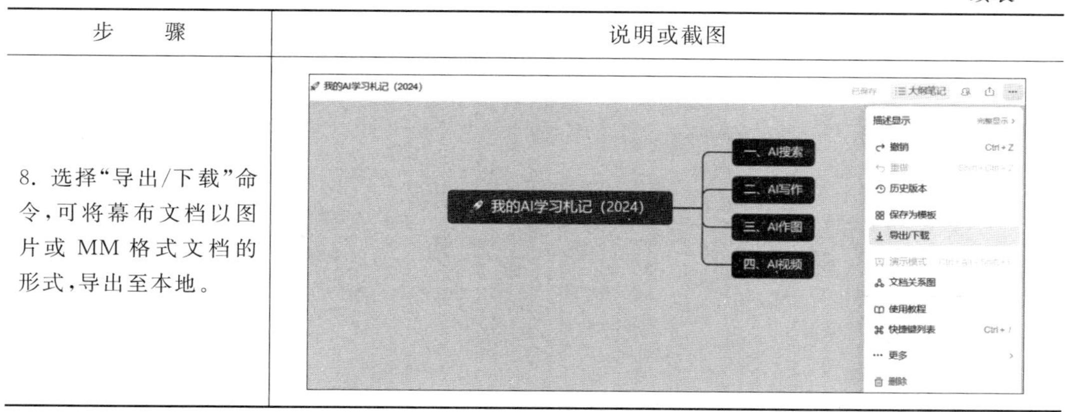

任务评价

1. 自我评价

☐ 安装 PC 版幕布　　☐ 安装移动版幕布

☐ 幕布基本编辑　　☐ 幕布中插入图片和链接

☐ 幕布的折叠及展开　　☐ 幕布共享及导出

2. 教师评价

工作页完成情况：☐ 优 ☐ 良 ☐ 合格 ☐ 不合格

任务二　亿图脑图

班级：________姓名：________日期：________地点：________学习领域：思维导图

任务目标

1. 学会亿图脑图(MindMaster)的下载、安装、注册和登录。
2. 学会鱼骨图、辐射图的制作。
3. 掌握脑图类型转换及演示。
4. 能正确将导图以多种形态输出。

任务导入

MindMaster 具有 30 多种高颜值主题样式，如思维导图、时间线、鱼骨图、气泡图等。可一键轻松绘制、一键美化脑图。

任务准备

安装 MindMaster 及相应的 App，观摩优秀作品，研究其创意及技巧。

任务实施

步　　骤	说明或截图
1. 登录亿图脑图 MindMaster 官网，在PC上下载并安装2024版软件。 注册、登录之后，进到 MindMaster 编辑界面。	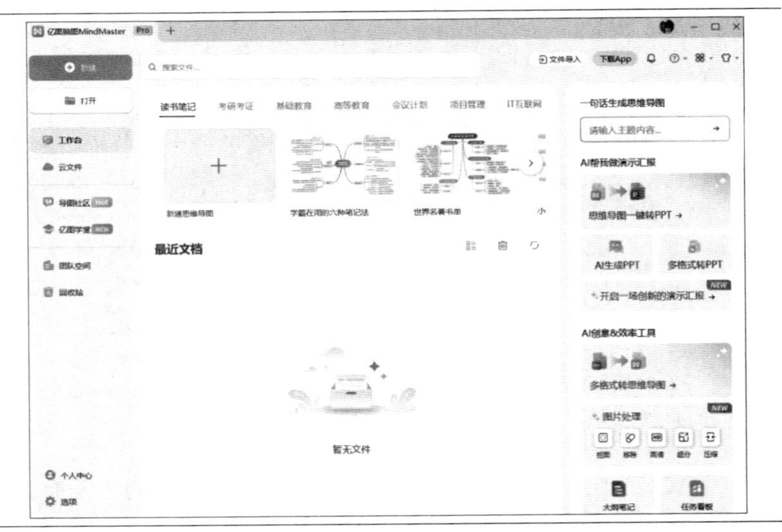
2. 单击“新建思维导图”按钮，开启一个默认的思维导图模板，包括一个主题、三个分支。 可对主题、分支文字进行编辑，按 Tab 键可新建分支，按 Del 键可删除选定的分支。	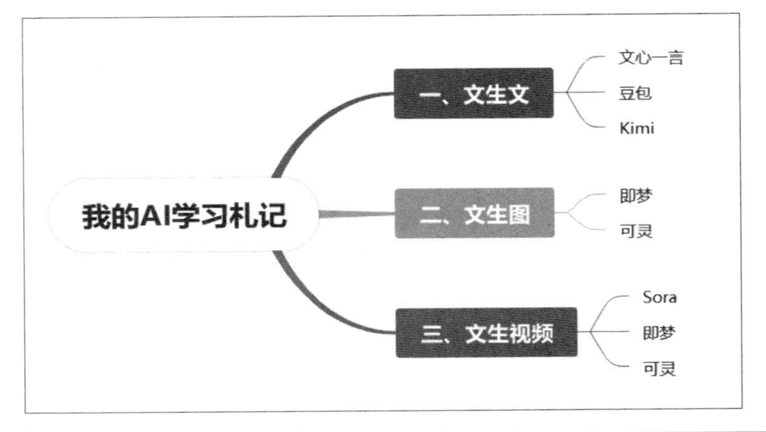
3. 单击右侧的“布局”按钮，在展开的功能面板中单击“鱼骨图(右)”，导图形态将发生转变，如右图所示。	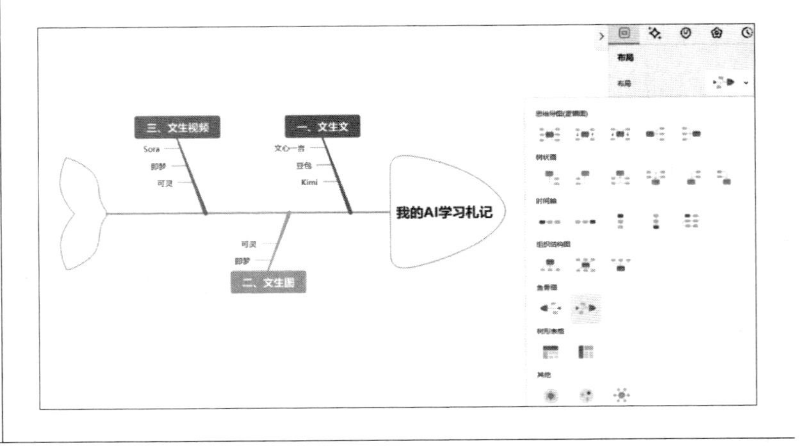

续表

<table>
<tr><th>步　　骤</th><th>说明或截图</th></tr>
<tr><td>4. 继续单击右侧的“布局”按钮，在展开的功能面板中单击“扇形放射图”，导图形态将发生转变，如右图所示。</td><td>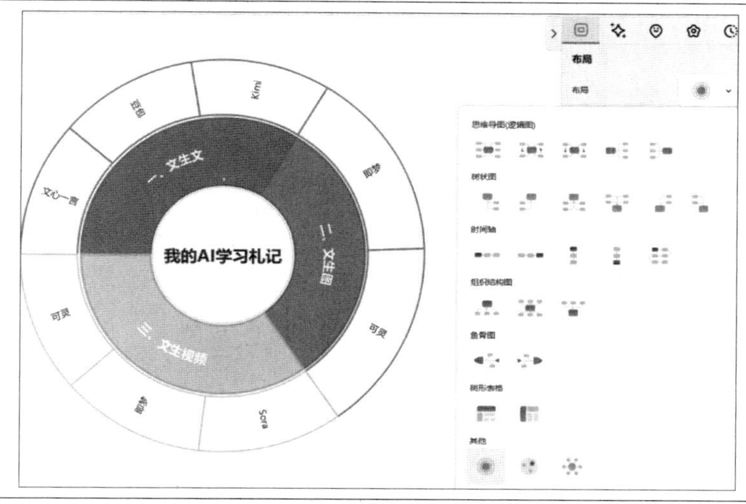
</td></tr>
<tr><td>5. 单击“插入”→“图片”按钮，可从本地插入一个图片至当前。
在右侧的“样式”面板可设定图片位置：顶部、左边、底部和右边。</td><td>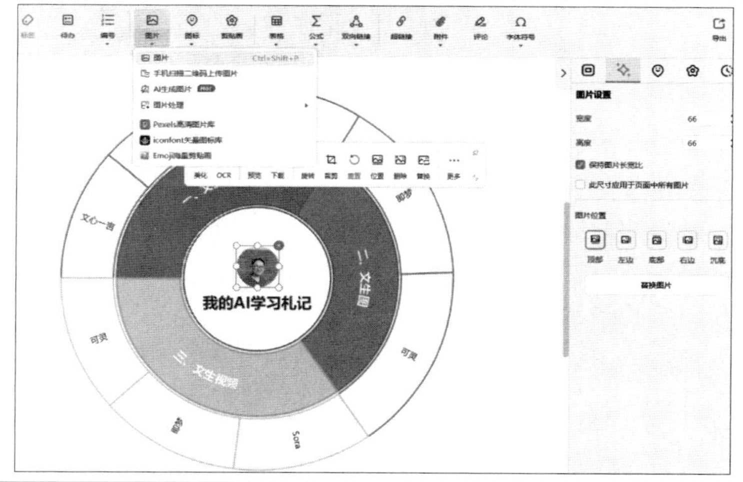
</td></tr>
<tr><td>6. 单击 PPT 按钮，进入 MindMaster 的全新演示模式。
单击“转化 PPT”按钮，可将当前思维导图文档转换为 PPT 演示文稿。</td><td>
</td></tr>
</table>

续表

<table>
<tr><th>步　骤</th><th>说明或截图</th></tr>
<tr><td>7. 单击右上角的“演说”按钮，选择一个演说风格模板，再单击“全屏进入放映模式”按钮，进入思维导图的分页演示模式。</td><td>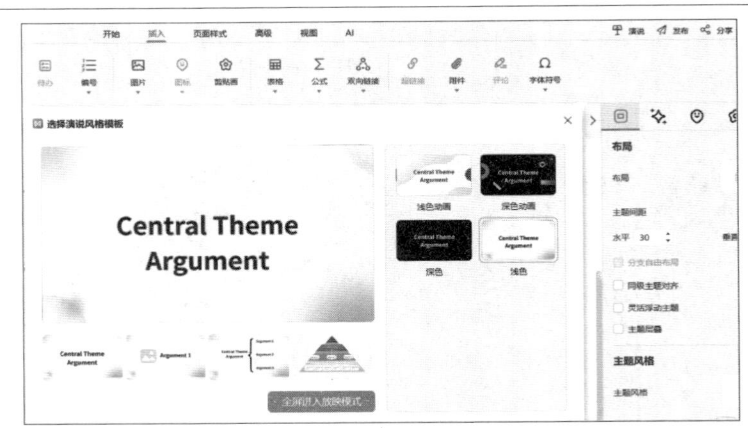

↓
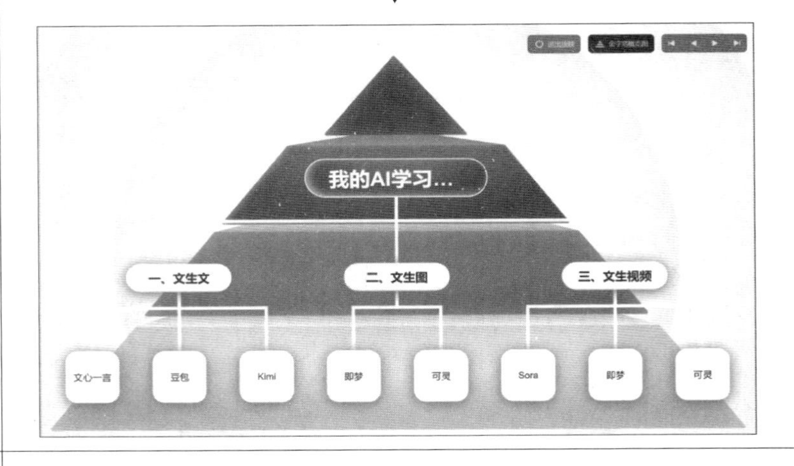
</td></tr>
<tr><td>8. 单击右上角的“导出”按钮，打开相应的功能面板，此处可设定导出图片或 PDF 等格式的文件。</td><td>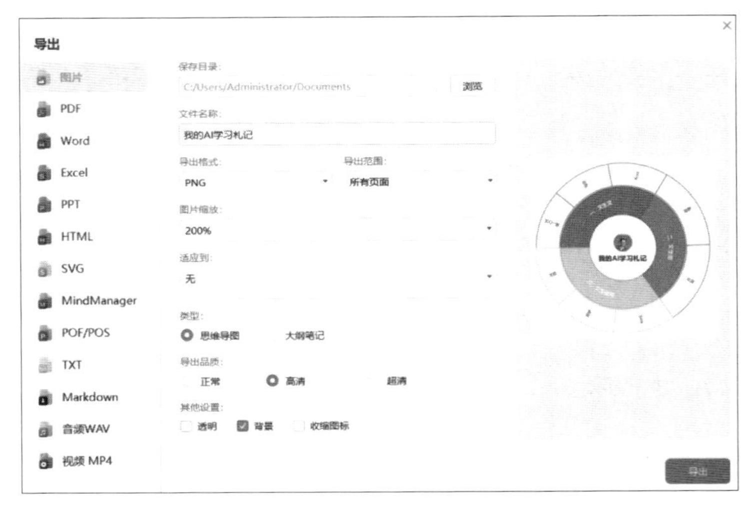
</td></tr>
</table>

任务评价

1. 自我评价

☐ 安装 PC 版 MindMaster　　☐ 安装 MindMaster App

☐ MindMaster 基本编辑　　☐ 思维导图类型转换

☐ 导图转换成 PPT 演示文稿　　☐ 导图演示及导出

2. 教师评价

工作页完成情况：☐ 优 ☐ 良 ☐ 合格 ☐ 不合格

任务三　亿图图示

班级：________姓名：________日期：________地点：________学习领域：思维导图

任务目标

1. 学会亿图图示(EdrawMax)的下载、安装、注册和登录。
2. 学会流程图、架构图的制作。
3. 掌握各类图表的绘制。
4. 能正确将图示以多种形态输出。

任务导入

EdrawMax 是专业级办公绘图软件，具有海量的绘图素材，适合多场景创意绘图，能充分提高教师的备课和授课绩效。

任务准备

安装并设置 EdrawMax 的作业环境，收集现有教学资料中的结构图、流程图和图表。

任务实施

步　　骤	说明或截图
1. 登录亿图图示 EdrawMax 官网，在 PC 上下载并安装 2024 版软件。 注册、登录之后，进到 EdrawMax 编辑界面。	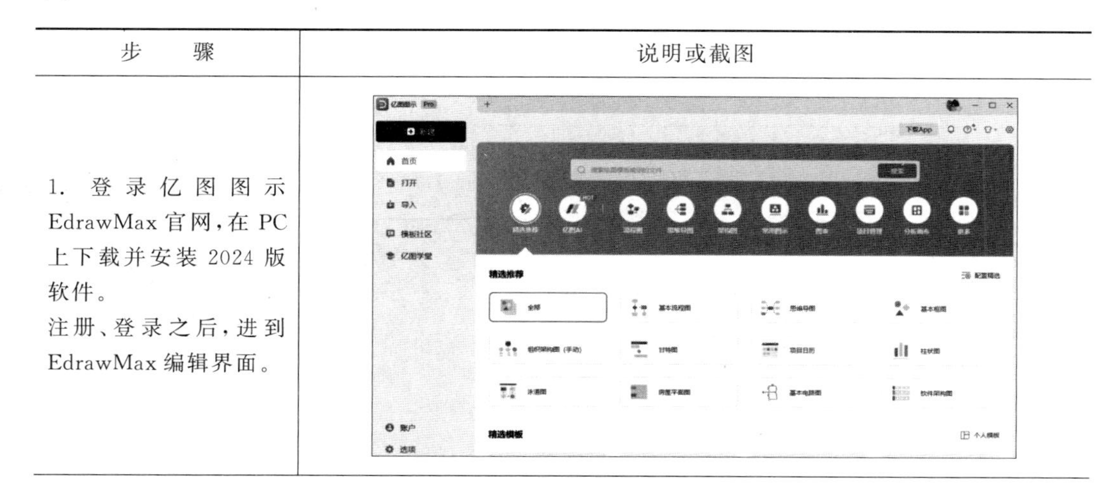

续表

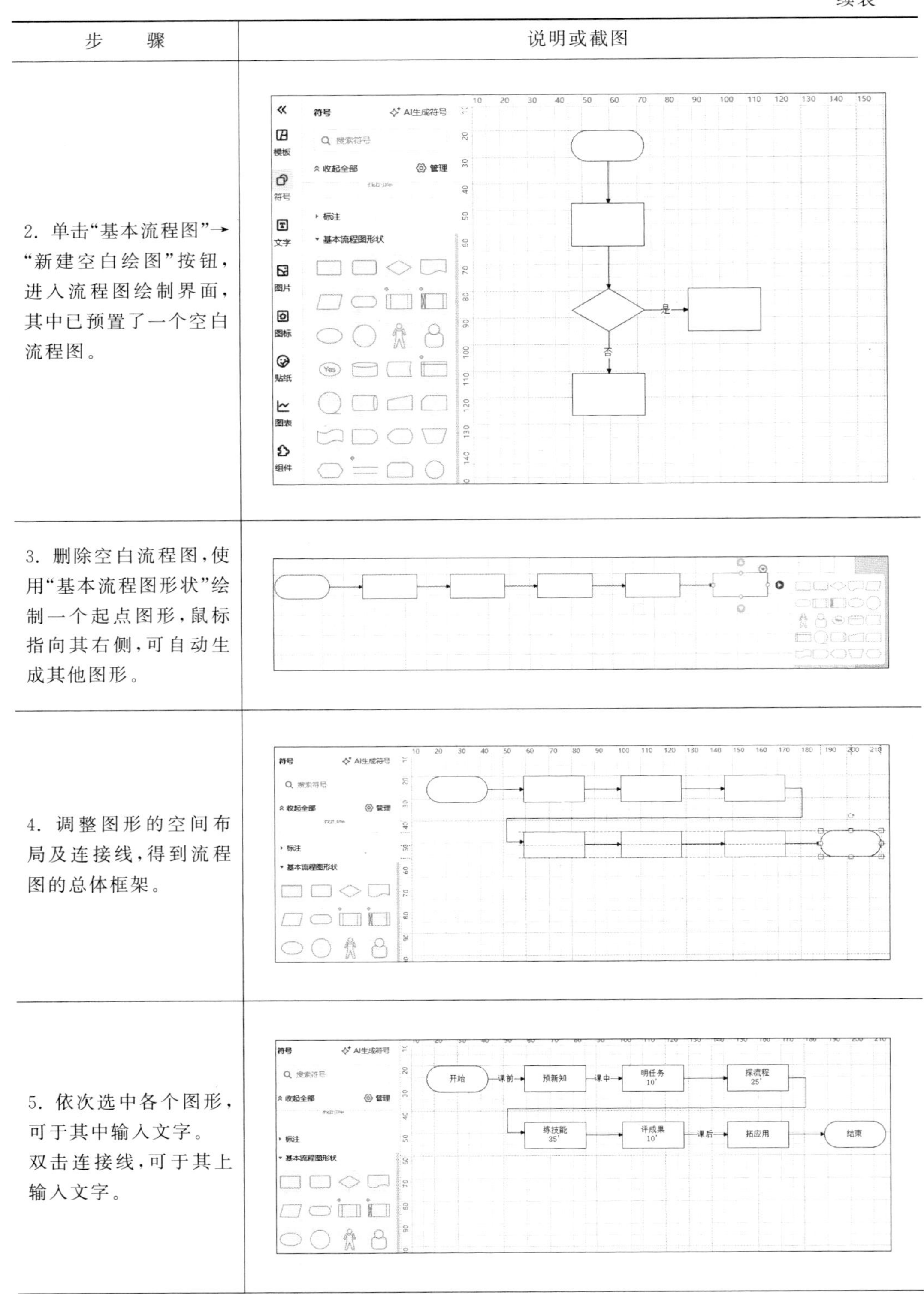

步　　骤	说明或截图
2. 单击“基本流程图”→“新建空白绘图”按钮，进入流程图绘制界面，其中已预置了一个空白流程图。	
3. 删除空白流程图，使用“基本流程图形状”绘制一个起点图形，鼠标指向其右侧，可自动生成其他图形。	
4. 调整图形的空间布局及连接线，得到流程图的总体框架。	
5. 依次选中各个图形，可于其中输入文字。双击连接线，可于其上输入文字。	

续表

步　骤	说明或截图
6. 逐个选定图形，在打开的浮动面板中单击“填充”按钮，可对选中的图形填充颜色。 单击“格式刷”按钮，可进行图形的属性复制。	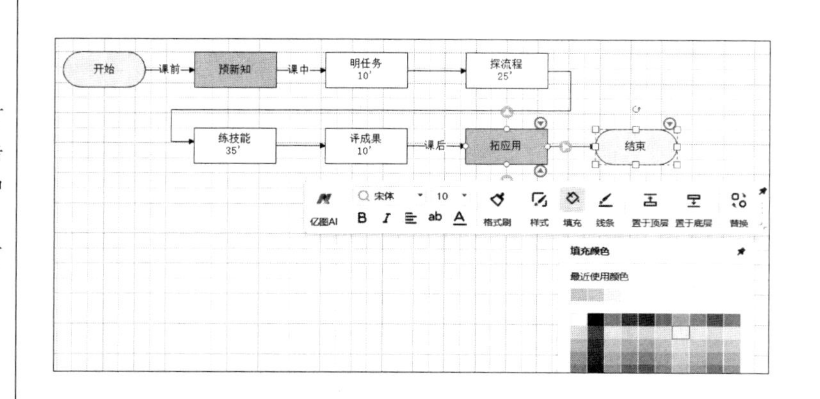
7. 单击左下角的“更多符号”按钮，打开“添加符号库”对话框，添加“基本绘图形状”集。 使用长方形和圆形工具，绘制如图所示的结构图。 注：连接线可在图形的边界自动引出，可自定义两端的箭头。	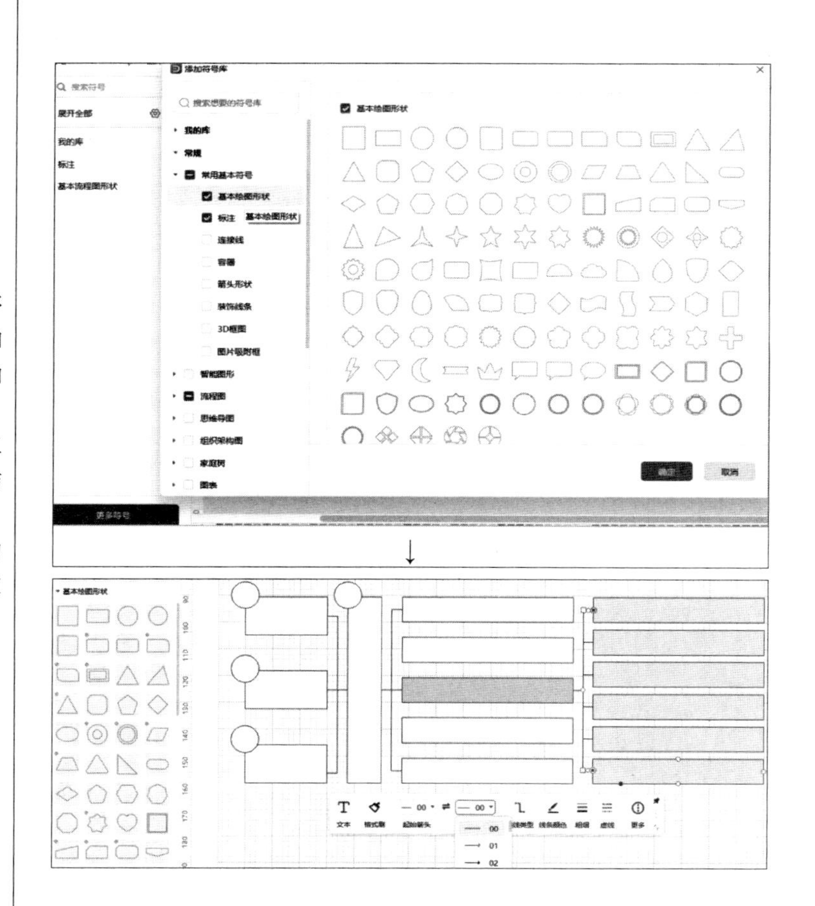

续表

<table>
<tr><th>步　　骤</th><th>说明或截图</th></tr>
<tr><td>8. 依次选中各个图形，可于其中输入文字、填充颜色，方法同前，不再赘述。
完成文档结构图的绘制。</td><td>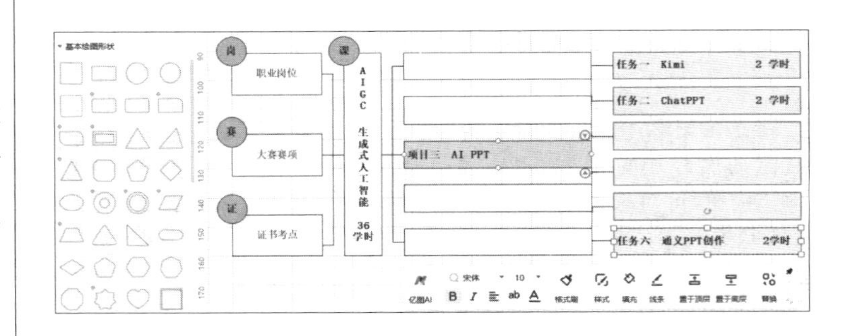
</td></tr>
<tr><td>9. 单击左侧的“图表”按钮，展开图表功能面板，单击 Echart 标签下的“雷达图”按钮，打开一个预设的雷达图模板。
双击雷达图模板，可将其替换成一个折线图模板。</td><td>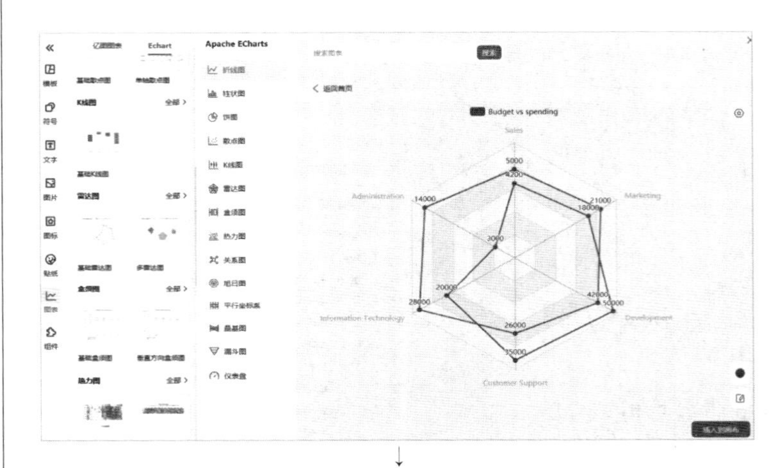

↓
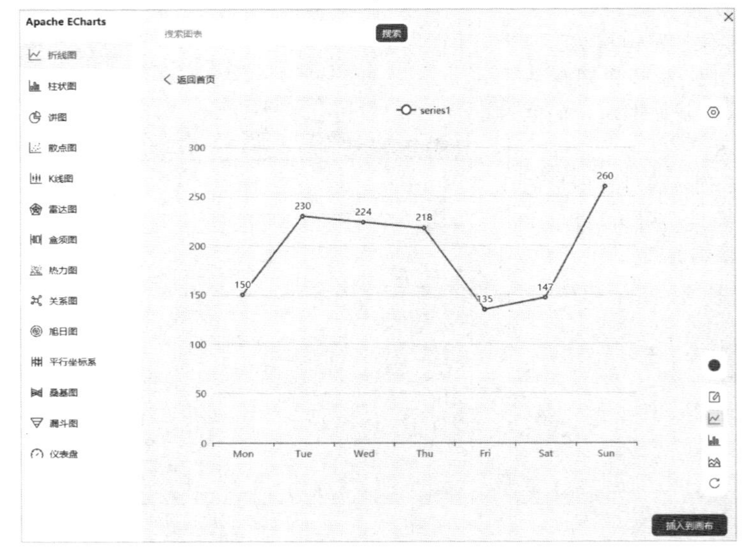
</td></tr>
</table>

续表

<table>
<tr><th>步　骤</th><th>说明或截图</th></tr>
<tr><td>10. 单击“编辑数据”按钮，可对二维表中的数据进行编辑，同时可对折线的颜色进行更改。最终形成后测与前测两根增值折线。</td><td>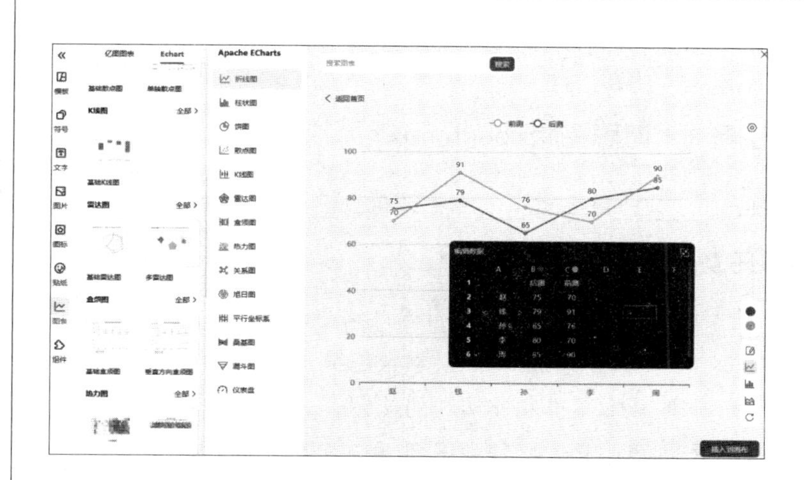
</td></tr>
<tr><td>11. 单击“视图”菜单，展开相应的功能面板。不勾选其中的“网格线”，画布将呈纯白色显示。
单击“文件”菜单的“导出为图像”按钮，打开相应的对话框，此处可设定导出图片或 PDF 等格式的文件。</td><td>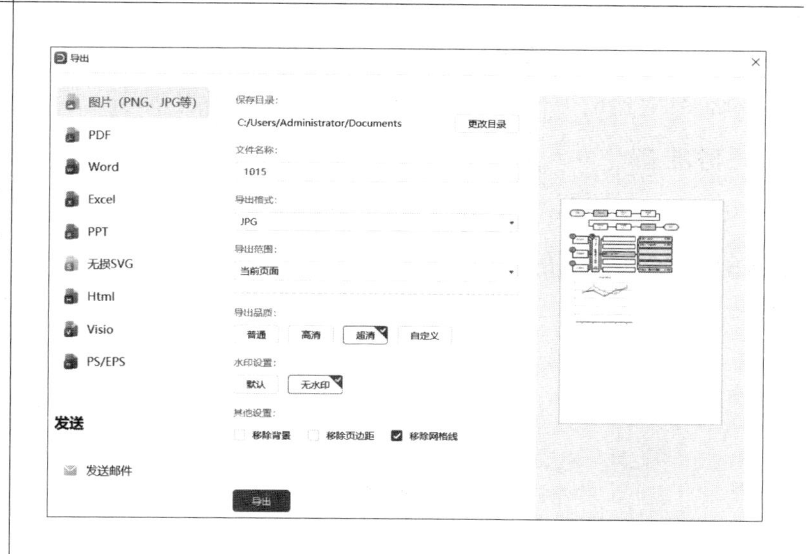
</td></tr>
</table>

任务评价

1. 自我评价

☐ 安装 EdrawMax	☐ 研究预设的各种图示模板
☐ 制作流程图	☐ 制作结构图或架构图
☐ 制作图表	☐ 分页制作及导出

2. 教师评价

工作页完成情况：☐ 优 ☐ 良 ☐ 合格 ☐ 不合格

任务四　知识图谱

子任务1　博思白板(boardmix)

班级：________姓名：________日期：________地点：________学习领域：知识图谱

任务目标

1. 学会博思白板(BoardMix)下载、安装、注册和登录。
2. 了解知识图谱构成的要素及逻辑。
3. 掌握基本图形和连接线的绘制。
4. 能对图形和连接线的属性进行设置。

任务导入

BoardMix是一个集思维表达、灵感梳理、流程整理、任务管理、素材收集和笔记文档等多种创意表达能力于一体的在线工具，可灵活创建知识图谱及其协作文档。

任务准备

安装并设置BoardMix的作业环境，分析典型的知识图谱架构及逻辑关系。

任务实施

步　　骤	说明或截图
1. 打开网页 https://boardmix.cn/，下载客户端，安装至本地。	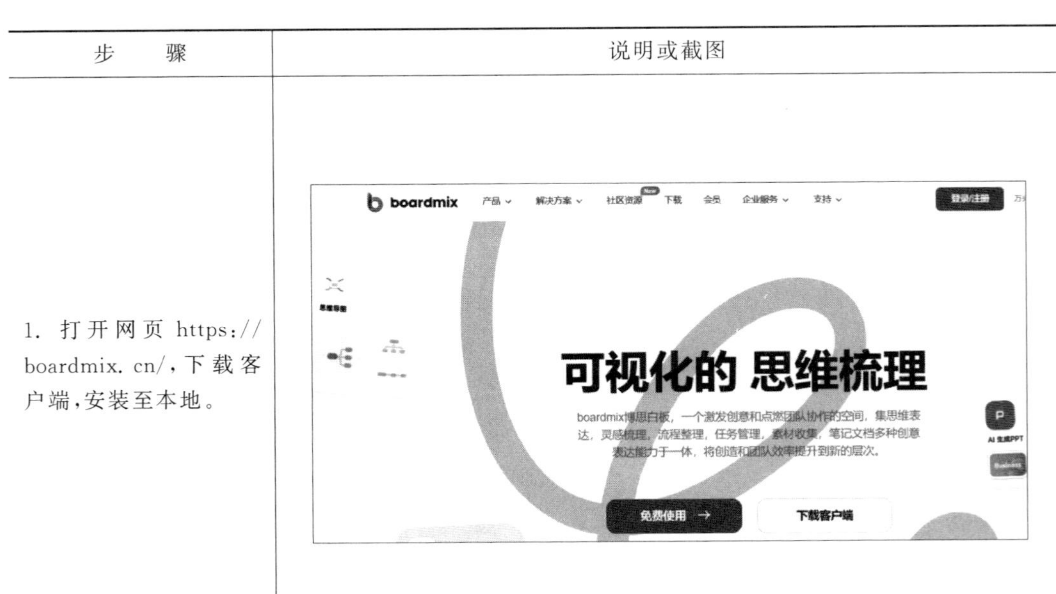

续表

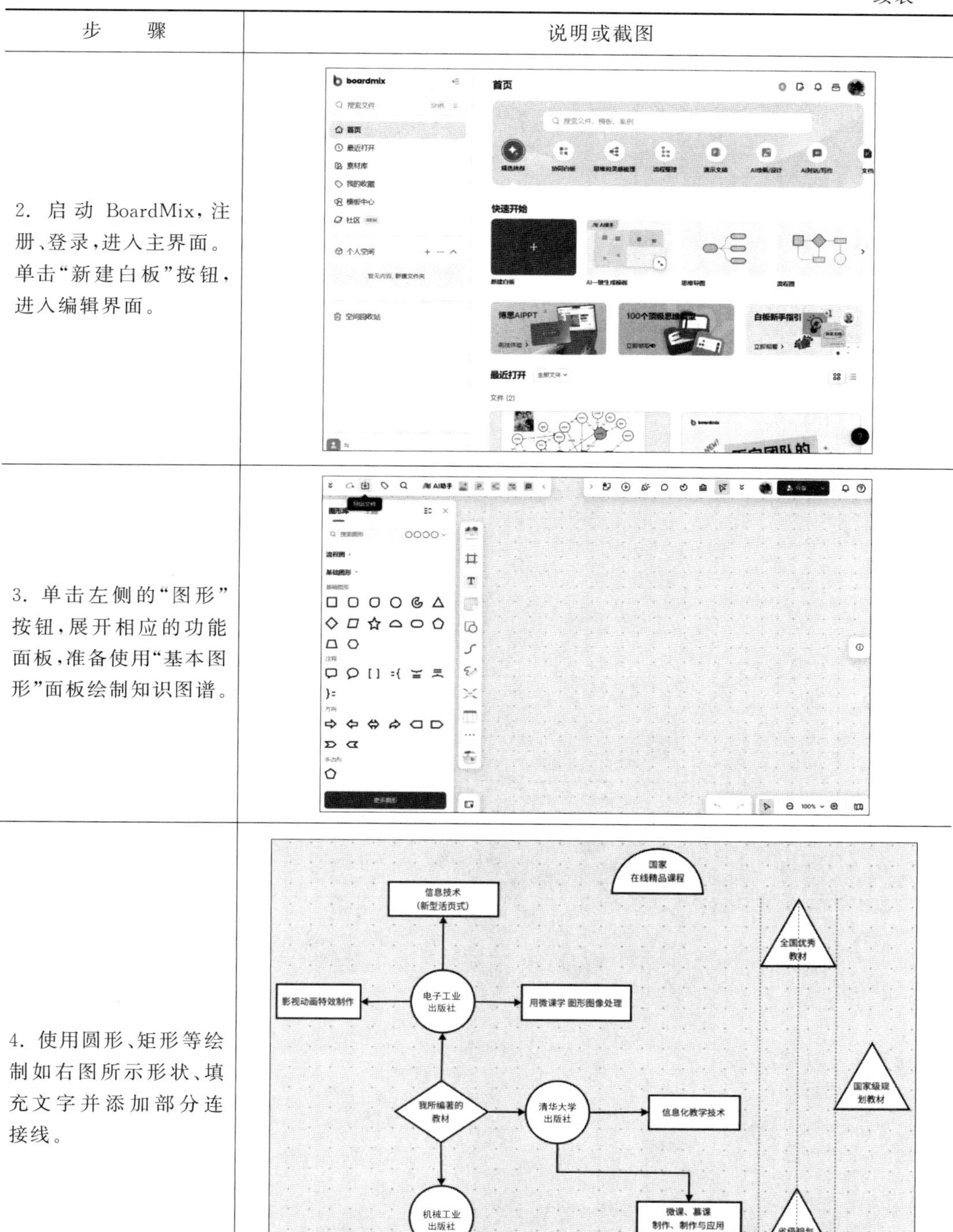

步　骤	说明或截图
2. 启动 BoardMix，注册、登录，进入主界面。单击“新建白板”按钮，进入编辑界面。	
3. 单击左侧的“图形”按钮，展开相应的功能面板，准备使用“基本图形”面板绘制知识图谱。	
4. 使用圆形、矩形等绘制如右图所示形状、填充文字并添加部分连接线。	

续表

步　　骤	说明或截图
5. 全选所有对象，再筛选出“连接线”。 在浮动工具栏，对线条的类型、粗细和颜色进行设定。	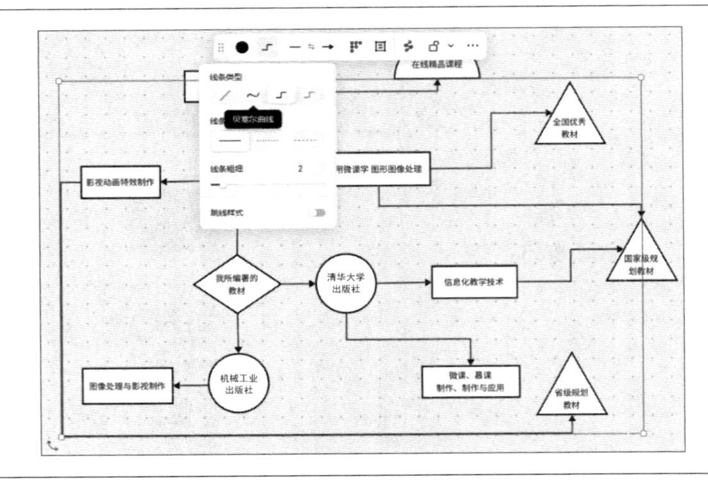
6. 双击连接线，在其上添加文字。	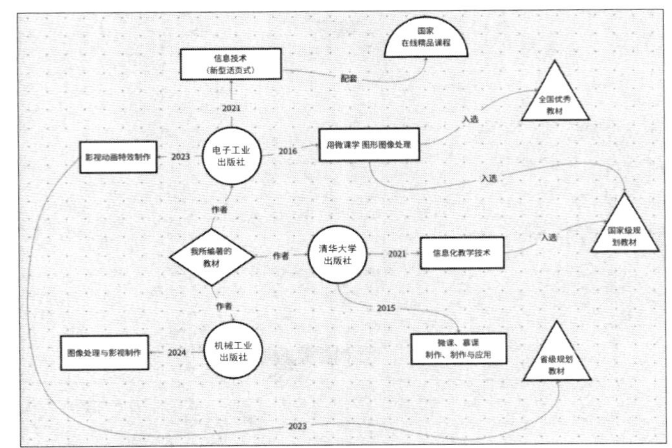
7. 全选所有对象，再筛选出“基本图形”。 在浮动工具栏，对填充和边框的颜色进行设定。	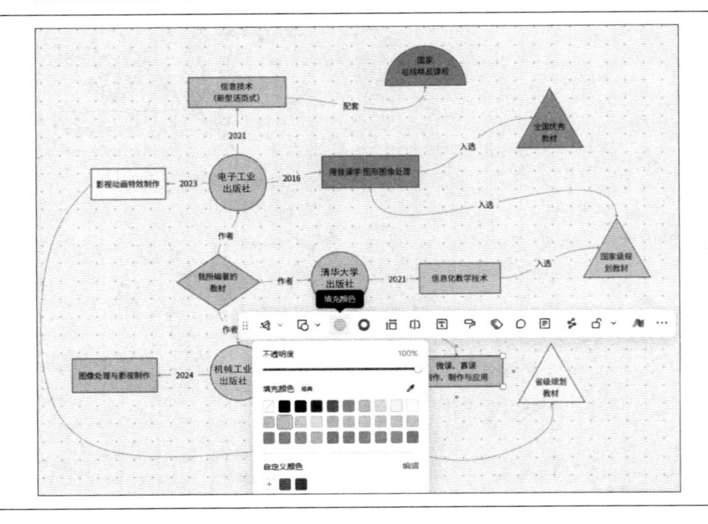

续表

步　　骤	说明或截图
8. 单击“导出文件”按钮，可将当前知识图谱以图片、PDF 等多种格式输出。	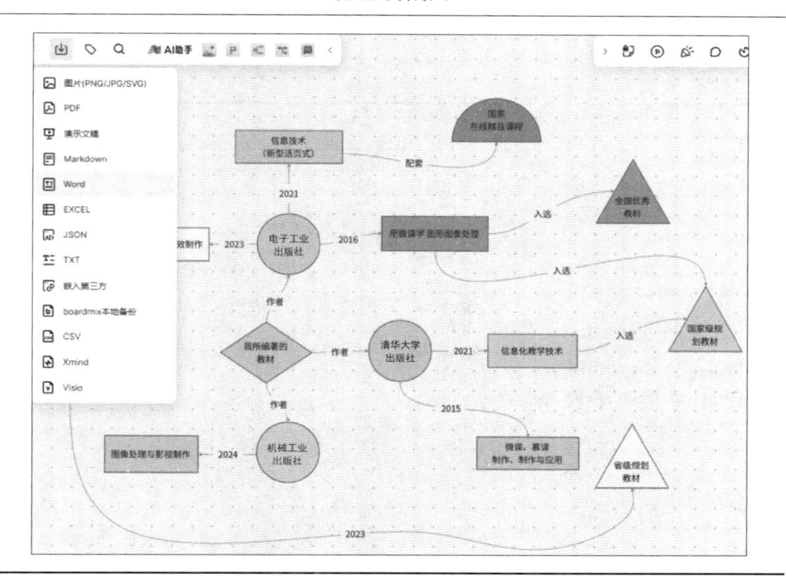

任务评价

1. 自我评价

□ 基本图形绘制　　□ 连接线绘制

□ 基本图形及连接线的格式复制　　□ 基本图形及连接线的筛选

□ 批量设置基本图形的属性　　□ 批量设置基本图形的属性

2. 教师评价

工作页完成情况：□ 优 □ 良 □ 合格 □ 不合格

子任务 2　码投图谱

班级：________ 姓名：________ 日期：________ 地点：________ 学习领域：知识图谱

任务目标

1. 学会码投图谱的下载、安装、注册和登录。
2. 学会在项目文件中添加节点、连线并设置属性。
3. 学会用 Excel 建立三元组。
4. 导入三元组来建立知识图谱。
5. 对知识图谱进行调整及美化。

任务导入

分析常见知识图谱的技术架构，确定绘制工作流程。

任务准备

安装并设置码投图谱的操作环境，理清节点、连线与实体、关系之间的逻辑关系。

任务实施

步　　骤	说明或截图
1. 打开网页 https://matou.info/newsIndex，下载客户端，安装至本地。	
2. 启动码投图谱，注册、登录，进入主界面。单击“+”按钮，打开“新建文件夹”对话框，输入文件夹名再单击“新建”按钮。	
3. 单击“新建”按钮，展开相应的功能面板，再单击“新建知识图谱”按钮，准备创建图谱。	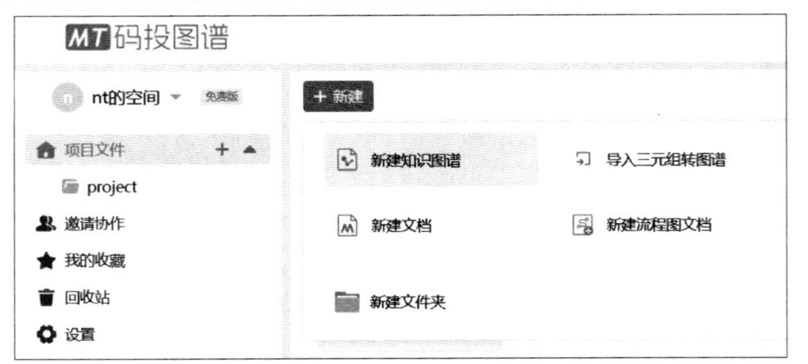

续表

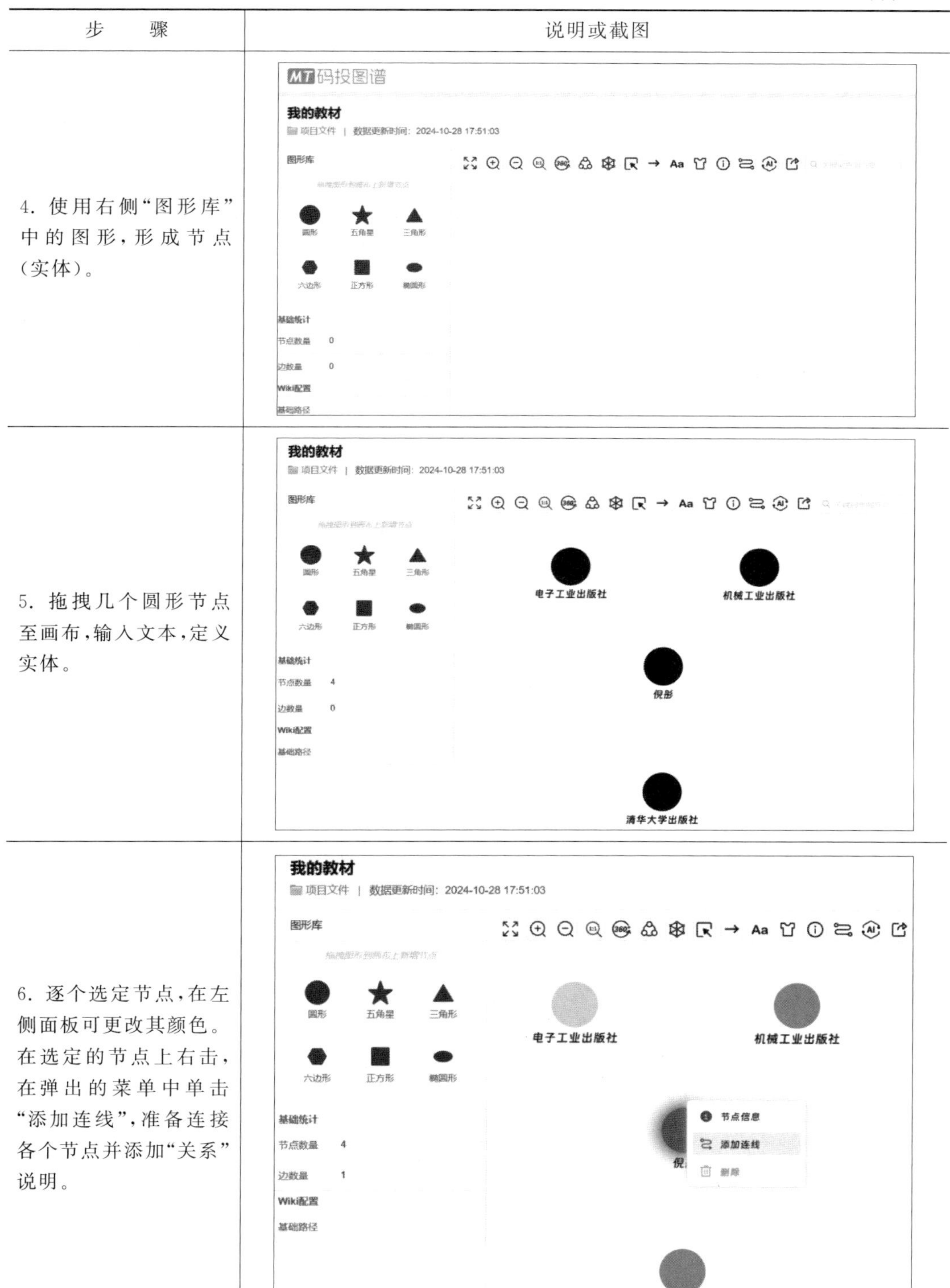

步　骤	说明或截图
4. 使用右侧“图形库”中的图形，形成节点（实体）。	
5. 拖拽几个圆形节点至画布，输入文本，定义实体。	
6. 逐个选定节点，在左侧面板可更改其颜色。在选定的节点上右击，在弹出的菜单中单击“添加连线”，准备连接各个节点并添加“关系”说明。	

续表

<table>
<tr><th>步　骤</th><th>说明或截图</th></tr>
<tr><td>7. 单击“连线配置”按钮，展开下拉菜单，此处可对连线箭头、颜色、文本和类型等进行设置。</td><td>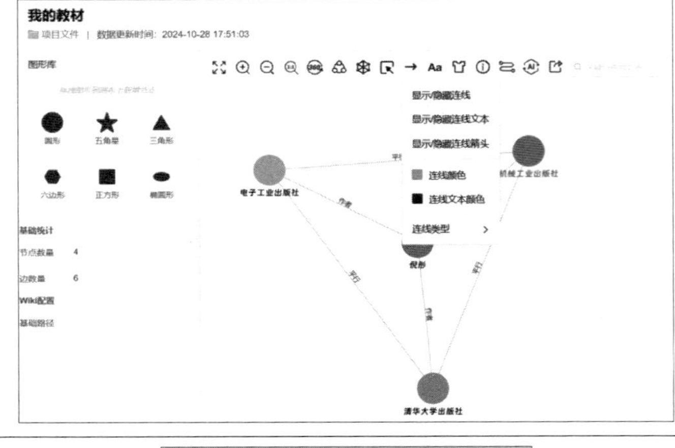
</td></tr>
<tr><td>8. 使用 Excel 制作一个三元组数据表。
注：三元组——节点A、节点B和关系。</td><td>
<table>
<tr><th></th><th>A</th><th>B</th><th>C</th><th>D</th></tr>
<tr><td>1</td><td>节点A</td><td>节点B</td><td>关系</td><td></td></tr>
<tr><td>2</td><td>倪彤</td><td>安徽理工大学</td><td>退休员工</td><td></td></tr>
<tr><td>3</td><td>倪彤</td><td>安徽科技学院</td><td>教授</td><td></td></tr>
<tr><td>4</td><td>倪彤</td><td>北京科技大学</td><td>毕业生</td><td></td></tr>
<tr><td>5</td><td>倪彤</td><td>哈工大（威海）</td><td>教授</td><td></td></tr>
<tr><td>6</td><td>倪彤</td><td>大连东软信息学院</td><td>教授</td><td></td></tr>
<tr><td>7</td><td>百度</td><td>文小言</td><td>产品</td><td></td></tr>
<tr><td>8</td><td>字节跳动</td><td>豆包</td><td>产品</td><td></td></tr>
<tr><td>9</td><td>月之暗面</td><td>Kimi</td><td>产品</td><td></td></tr>
<tr><td>10</td><td>Microsoft</td><td>Windows</td><td>产品</td><td></td></tr>
<tr><td>11</td><td>Adobe</td><td>Photoshop</td><td>产品</td><td></td></tr>
<tr><td>12</td><td>OpenAI</td><td>Sora</td><td>产品</td><td></td></tr>
<tr><td>13</td><td>百度</td><td>字节跳动</td><td>平行</td><td></td></tr>
<tr><td>14</td><td>百度</td><td>月之暗面</td><td>平行</td><td></td></tr>
<tr><td>15</td><td>字节跳动</td><td>月之暗面</td><td>平行</td><td></td></tr>
<tr><td>16</td><td>Microsoft</td><td>Adobe</td><td>平行</td><td></td></tr>
<tr><td>17</td><td>Adobe</td><td>OpenAI</td><td>平行</td><td></td></tr>
</table>
</td></tr>
<tr><td>9. 单击“新建”按钮，打开“新建”对话框；单击“导入三元组转图谱”按钮，准备导入外部数据制作知识图谱。
在“导入三元组转图谱”对话框中设定好相应的参数，单击“新建”按钮。</td><td>导入三元组转图谱
导入数据及配置
选择文件*
三元组数据模板.xlsx　上传　模板下载
起始节点列*
节点A
结束节点列*
节点B
关系列
关系
根节点
倪彤
数据保存配置
文件名称*
NT三元
成员权限　所有人员
所有团队成员都可参与
取消　新建</td></tr>
</table>

续表

步　骤	说明或截图
10. 最终形成的知识图谱如右图所示。 由此可见，知识图谱较二维 Excel 表更加清晰地表明了实体之间的逻辑关系。	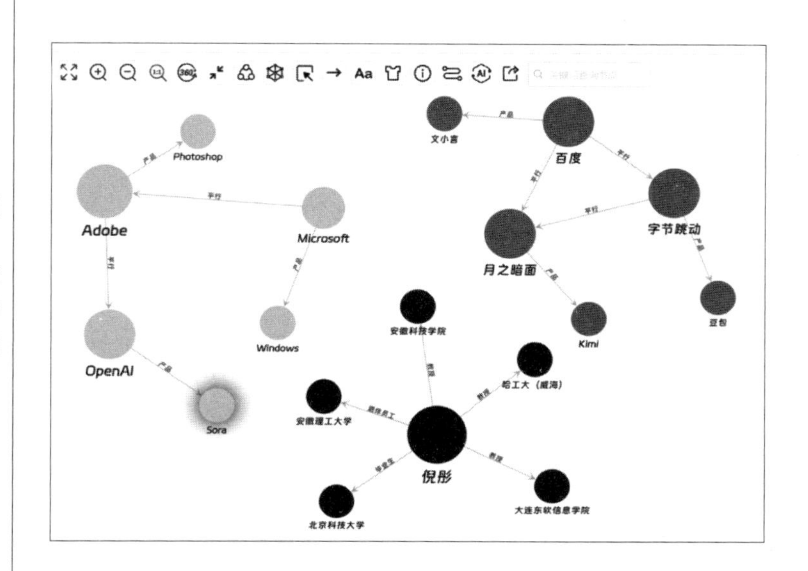

任务评价

1. 自我评价

☐ 添加图谱节点（实体）　　☐ 更改节点颜色

☐ 添加图谱连线　　☐ 图谱“连线配置”

☐ 编制三元组数据模板　　☐ 导入三元组转图谱

2. 教师评价

工作页完成情况：☐ 优 ☐ 良 ☐ 合格 ☐ 不合格

子任务 3　平台中的知识图谱

班级：________姓名：________日期：________地点：________学习领域：知识图谱

任务目标

1. 掌握教学平台的基本操作。
2. 呈现课程结构的思维导图。
3. 导入课程结构形成知识图谱。
4. 美化并重构课程知识图谱。

任务导入

在当下的主流教学平台，例如智慧职教、智慧树和学银在线等都自带知识图谱功能，并可通过课程结构的导入，自动生成知识图谱。

任务准备

选定一个教学平台，试建一门课程，绘制知识图谱。

任务实施

<table>
<tr><th>步　　骤</th><th>说明或截图</th></tr>
<tr><td>1. 打开网页 https://passport2.chaoxing.com/login，输入已注册的账号、密码，登录一个教学平台。</td><td></td></tr>
<tr><td>2. 单击已建好的一门课程，进入该课程。
单击左侧的“章节”按钮，展开该课程的结构。</td><td>
</td></tr>
</table>

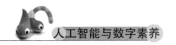

续表

<table>
<tr><th>步　　骤</th><th>说明或截图</th></tr>
<tr><td>3. 单击左侧的“知识图谱”按钮，展开知识图谱工作界面，其上包括大纲模式、思维导图模式、图谱模式和地图模式。</td><td></td></tr>
<tr><td>4. 单击右侧的“批量导入”按钮，展开相应的下拉菜单。
单击“课程章节导入”按钮。</td><td>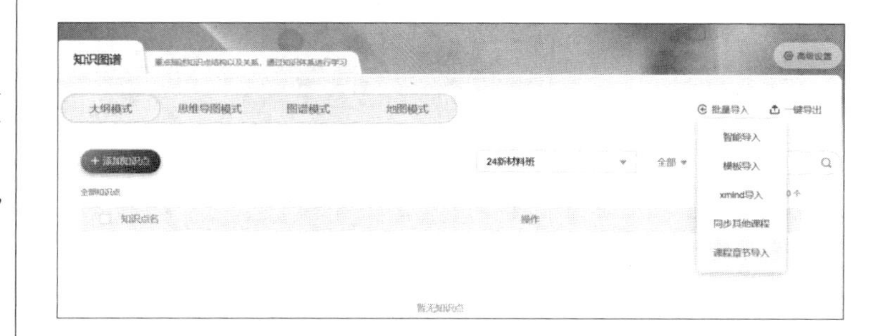
</td></tr>
</table>

续表

步　　骤	说明或截图
5. 在打开的“课程章节”对话框，勾选“目录”，再单击“添加”按钮。	课程章节 全部章节　共13个 目录 模块一　思维导图 项目一　亿图 任务一　MindMaster 任务二　EdrawMax 项目二　万彩 任务一　演示大师 任务二　动画大师 模块二　知识图谱 取消　添加
6. 在打开的“知识图谱”对话框中，单击“思维导图模式”按钮，出现课程结构的思维导图。	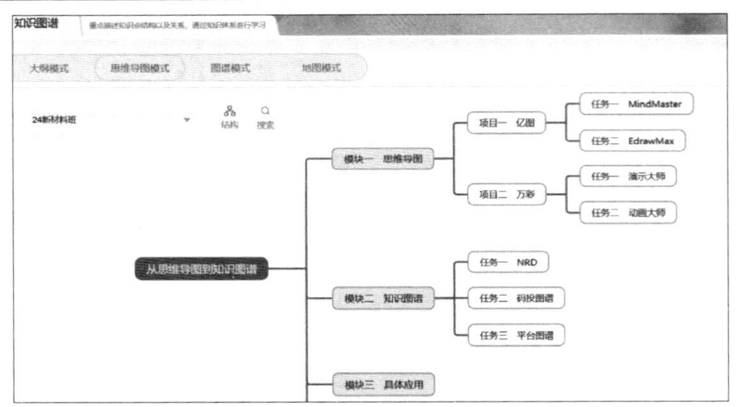
7. 单击步骤6中的“图谱模式”按钮，进入“知识图谱”工作界面。	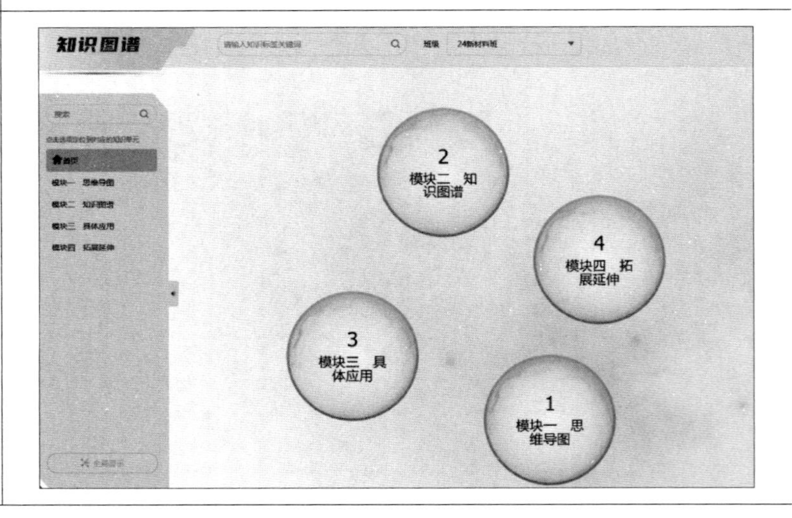

续表

步　　骤	说明或截图
8. 单击步骤 7 中的"全局显示"按钮，呈现各知识点的知识图谱。 注：右上方的"编辑"按钮可用于节点的形状、颜色等属性设置。	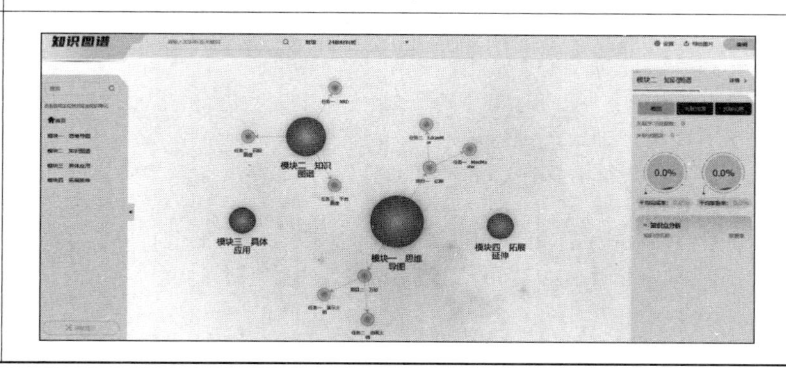

任务评价

1. 自我评价

□ 基于一个平台课程的基本操作　　□ 理清课程架构

□ 建立课程结构的思维导图　　□ 导入课程架构形成知识图谱

□ 节点属性设置　　□ 字体属性设置

2. 教师评价

工作页完成情况：□ 优 □ 良 □ 合格 □ 不合格

参 考 文 献

[1] 信息化教学指导委员会赛事委员会.全国职业院校信息化教学大赛部分优秀作品点评[M].北京：高等教育出版社,2016.

[2] 河南省职业技术教育教学研究室.信息化教学能力提升教程[M].北京：北京师范大学出版社,2018.

[3] 孙方.PowerPoint！让教学更精彩：PPT课件高效制作[M].北京：电子工业出版社,2015.

[4] 倪彤.信息化教学技术[M].北京：清华大学出版社,2020.